芳川 充 著
鈴木将司 監修

# 最速SEO

## たった28日で上位表示する驚速ビジネスサイト構築術

はじめてでもできる最強・最速のSEOガイド

技術評論社

# 監修者より

ＳＥＯの世界にはさまざまな学派があり、そのなかでも芳川さんは「実証データに基づいた科学的なＳＥＯ対策を行う」学派の一人だと思います。

芳川さんはもともと私のセミナーの受講者でしたが、これまでたくさんの試行錯誤を繰り返してきました。最初は一人のアフィリエイターからはじめて、いまでは有名企業のＳＥＯコンサルティングをされるまでになりました。どんなに痛い目にあっても決してあきらめずに、やるべきことをすぐに実行する実践派のＳＥＯコンサルタントです。

なかでも私が驚いたのは、ヤフーで上位表示されていた氏のサイトがことごとく検索結果から消えた時に、必ず復活するという強い信念のもとに自力で復活を果たしたことです。このようなことはヤフーでオリジナル検索エンジンのＹＳＴ（Yahoo! Search Technology）が導入された２００５年以降に何度も起きましたが、検索結果から消されてしまったり、著しく順位がダウンした時も毎回復活しています。

私は同じＳＥＯコンサルタントとして、このような芳川氏の行動力に何度も励まされました。

特筆すべきは、数千のサイトを短期間でつくりあげて、外部リンクを購入せずに自力でリンクネットワークを構築されたことです。そのおかげで数えきれない企業のサイトが救われたのをいまでも覚えています。

本書は、そのような芳川さんが自力で検証に検証を重ねて編み出してきた、現場の知恵に基づいた経験の集合体です。特に、ほとんどのSEOコンサルタントが語りたがらないリンク対策について詳細に解説しており、その多くは今日からでも使える対策ばかりです。

今回、「最速でSEO対策を成功させる」テクニックを公開しましたが、きれい事で終始せずに、むしろ「同じSEO対策での成功を志す仲間」として多くの最新テクニックを読者のみなさんに開示されたことはSEO業界においても大きな功績だと思います。

この本によって、より多くの方に「SEO対策は自分の力でできるものだ」「どんなに厳しい状況に置かれても、事実を直視してその対策を自分で実践すれば必ず結果は出せる」ということを体感していただきたいと思います。

そしてより多くの人たちとその感動を分かち合っていただきたいと祈念しています。

2010年2月吉日

社団法人全日本SEO協会 代表理事　鈴木将司

# 著者まえがき

本書は最新のＳＥＯを反映した、最速で検索順位を上げられる戦略と方法を解説した実践書です。読了後、すぐに実践して結果を出すことを目的として執筆しました。初心者だけではなく、中上級者にも参考になる内容が豊富に含まれていると自負しています。

解説では本当にＳＥＯで有効な方法の説明を充実させるため、ＳＥＯ以前のインターネットの基礎知識や実践とはかけ離れた精神論、机上の論理などは省略しています。

これから本書で解説しますが、ＳＥＯは都市伝説の宝庫です。したがって、その都市伝説を見破って行動した者が勝者となります。

私は以前から、ＳＥＯの常識として語られる内容に対して大きな疑問を持っていました。なぜなら、私自身が多くの事例を通して体験してきたことは、それらの常識とあまりにかけ離れていたからです。

そして、私自身の疑問を解きたいという思いと、客観的な事実を読者のみなさんにお見せしたいという動機から、今回の執筆を契機にさまざまな検証実験を行いました。

これらの検証については本書の巻末付録と私の検証サイトで紹介していますが、ＳＥＯの知識がある人ほど意外な事実をたくさん知ることになるでしょう。

本書では次の構成でSEOを解説しています。

第1章ではSEOの常識について、その誤解の具体的な内容と原因を解説しています。巻末付録の検証結果も読んでいただければ、より理解が深まると思います。

第2章ではサイトの内部要素の最適化について、第3章では被リンクの効果的な収集について解説しています。近年のSEOは被リンクの集め方がカギを握っています。その有効な手段である衛星サイトの作成には無料ブログの利用が大変効果的です。

第4章では、おすすめの無料ブログサービスの詳細な解説をしています。メリットやデメリットはもちろん、ヤフーとグーグルに結果表示されるまでの日数を検証した詳細なデータも公開しています。

第5章では、検索エンジンの近未来を大胆に予測し、超短期のSEOだけではなく、中長期で勝ち抜く強いSEOへのノウハウとヒントを提示しています。

SEOは一種の予測ゲームともいえます。いかに先を読んでいち早く行動するか、あるいはあえて行動しないかが成功のカギになります。

その予測の前提として、本書を通じて「SEOの真実」を知っていただき、最速でありながらも中長期で通用する強いSEOを実現していただきたいと思います。

ところで、SEOで成功するためには特別な能力が必要ではないかと思われている読者がいるかもしれません。

ご安心ください。実際はまったくそうではありません。

私は、実はほんの数年前までSEOどころかネットやITといったものに対して拒否反応を示していたズブの素人で、むしろ、パソコンの画面を見るのも苦痛で、ネットで買い物すらしたことがありませんでした。それがいきなりSEOの商売をはじめたのです。

当然、センスの良いサイトを作成する技術も能力もありませんし、システム構築などまったくの門外漢です。しかしその一方で、私は不確かなことをさも確実にできるかのように煽るような営業もやりたくはありません。

結局、SEOの業務で成功するためには「確実に早く上位表示する」という結果で勝負するしかなかったのです。

私の最速ノウハウは、こうした一種の脅迫観念によって生まれたものです。そんな私が4年間SEOをやってきた結果、専門家などと呼ばれ、多くの際立った結果も出せるようになりました。このように、私自身の経験からいっても、SEOは特別な能力も豊富な資金もなくできるものなのです。

ではＳＥＯには何が必要かというと、私は次の３つが大切だと考えています。

①他人の意見に流されず、物事の本質を見極める目を持つこと
②常に利用者の目線に立って、中長期につながる施策を行うこと
③仲間や師をつくり、良い関係を築くこと

これらが結果的に、最速で強いＳＥＯを生み出すことにつながります。

ＳＥＯ関連の書籍や情報商材のなかには、情報や類書を集めてそれらをただまとめただけと思えるようなものも少なくありません。これではいくらたくさん本を読んで勉強しても結果を出すことはむずかしいでしょう。

また近年ＳＥＯ業界は多くの業者が乱立して、なかには粗悪なサービスや詐欺的な行為を行う会社も出てきています。そのようなことからＳＥＯそのものがうさんくさいもののように思われることもあるのが非常に残念です。

ＳＥＯはただ上位表示させればいいというものではありません。上位表示の価値のないサイトを上位表示させても利用者に迷惑ですし、売上にも結びつきません。常に価値あるサイトを

通じて売上に結びつけるという意識が大切です。

本書の執筆動機は、資金の乏しい中小企業でも努力した人が結果を出せて、しかも検索エンジンからも利用者からも歓迎されるSEOをお伝えしたいことにあります。

本書で紹介することは初心者にも十分にできることばかりですので、本書を読まれたらぜひすぐに行動してください。

芳川　充

# 最速SEO

## ――たった28日で上位表示する驚速ビジネスサイト構築術

目次

## 第4章 SEOに効く無料ブログの選び方と使い方

# 第1章
# 「SEOの常識」は間違いだらけ

# 1 ありえない!? 実際にできた最速上位表示

## ▼SEOの実績は信じすぎてはいけない

本書を手にしたあなたがまず知りたいのは、これから本書で私が述べる内容を実践したら、どんなキーワードがどれくらいの期間で上位表示されるかではないでしょうか。

もちろん個々の結果に関しては、それぞれのサイトの質やキーワードの難易度によって違いがあるので一概にはいえません。ただ、いままでに私がどんな実績を挙げているのかを知っていただければ、ひとつの目安になると思うので次に掲載します。

SEOの実績にまつわる問題としてあるのが、それが本当にSEOの施策によるものなのか、ほかの要因によってたまたま起こったものなのかがはっきりしないことです。したがって、一般的にはSEOの実績についてはあまり信じすぎてはいけません。

しかし私の実績は、私のアドバイスでサイトを改善して施策を行った結果、非常に短期間で出た成果なので自信を持ってお伝えできます。

## ▼筆者のSEOの実績

次に私の実績の一例を紹介します。

**「病気」**
ヤフーで圏外→2位
グーグルで圏外→9位

**「オンライン英会話」**
ヤフー圏外→1位、2位独占
グーグル圏外→5位

**「サイト制作」**
ヤフーで圏外→1位

**「保険相談」**
ヤフーで、圏外→3位

**「葉酸」**
ヤフーで圏外→2位
グーグルで圏外→6位

**「産業廃棄物処理」**
ヤフーで圏外→1位
グーグルで圏外→1位

単一のキーワードによる実績

**「あがり症」と「スピーチ」**
ヤフーで両キーワードとも圏外→両キーワードとも10位内

**「習い事」と「レッスン」**
ヤフーで両キーワードとも圏外→10位以内

**「転職支援」と「ベンチャー求人」**
ヤフーで両キーワードとも圏外→1位

単一のキーワードを2つ同時に行った実績

これら多くの検索結果が圏外から上位に上昇していますが、この実績は非常に短い期間で達成しました。それぞれに対策から結果までに要したのは次のようにわずかな期間です。

「病気」（ヤフー2位、グーグル9位）→ 3か月で達成
「オンライン英会話」（ヤフー1位と2位、グーグル5位）→ 3か月で達成
「サイト制作」（ヤフーで1位）→ 3週間（サイト作成後1か月）で達成
「保険相談」（ヤフーで3位）→ 2週間（サイト作成後1か月）で達成
「葉酸」（ヤフーで2位、グーグルで6位）→ 2か月で達成
「産業廃棄物処理」（ヤフー、グーグルともに1位）→ 約2週間で達成
「あがり症」と「スピーチ」（ヤフーで10位内）→ 3週間で達成
「習い事」と「レッスン」（ヤフーで10位内）→ 4週間（サイト作成直後1か月）で達成
「転職支援」と「ベンチャー求人」（ヤフーで1位）→ 3週間で達成

これらの例は比較的対策がむずかしいとされる単語レベルのキーワードによる実績です。言葉をさらに組み合わせた複合語では、具体的な公表は控えていますがもちろんはるかに多くの成功事例があります。

# 2 最速を狙うなら他人と違うことをする

## ▼最速と中長期を両立する理想のSEO

ＳＥＯの業界では、上位表示までには対策してから6か月から1年はかかり、難関キーワードだと最低1、2年はかかるとよくいわれます。

この常識から考えると、ご紹介した私が実践したＳＥＯの成果はケタはずれに早いので、驚かれた読者はかなり多いと思います。逆に驚かれていない人は、ウソじゃないかと疑っているかもしれません。

私の実績で特に注目していただきたいのは、対策から上位表示までの期間の短さ、サイト作成後（ほぼ新規ドメイン取得後）２か月程度でも上位表示できること、そして、ビッグキーワードでも２つが同時に上位表示できることです。

また「早く上位表示するような手法はいずれスパム判定を受ける」といわれることがあります。スパム判定では、検索エンジンから問題のあるサイトとしてマイナス評価を受けて検索結果の順位を下げられますが、私の手法は決してスパム判定を受けるものではなく、中長期でも通用します。まさに中長期で効果がありながらも、超短期でも結果の出る手法なのです。

では、どうすれば私のように最速で上位表示できるのかという具体的な手法を、これから本書でご説明します。

## ▼「SEOの王道」だけでは足りない

まず確実にいえるのは、単に魅力的なサイトづくりを目指すだけではダメだということです。もちろん魅力的なサイトを作成するという王道を否定するわけではありませんし、これはこれで行うべきだと思います。

ただし、魅力的なサイトづくりだけに集中していると、仮にサイトづくりに成功しても上位表示にはかなりの時間がかかります。そもそも、そのように誰もが知っていることを一生懸命行ったとしても、よほど魅力的なコンテンツをつくらなければ結果は出ません。

大切なのは、人と違うことをやるということです。そして、効果のありそうな対策を数まかせにむやみに行うのではなく、本当に有効な対策だけを行うのです。

SEOに関する出版物は豊富にあるため、それらの数冊を読めばなんとなく効果がありそうな手法もみつかるかもしれません。しかし、並べられた多くの手法に本当に効果があるのかないのか、執筆者本人もわからない場合が多いようです。みんなが効果があるというので書いたような本もあります。

対策の効果は千差万別のため、効果があるものと効果がないものを見極め、しっかりと取捨選択しなくては最速の成果は出ないことに注意してください。

ＳＥＯはあくまでもライバルとの競争であり、「順位」を求めるイス取りゲームです。しかも、座ろうと狙っている人は大勢いるのに、座れるイスの数はごくわずかしかありません。だから平均的なことをやっただけでは負けは目に見えています。

## ▼SEO対策はまずヤフーから行うのがベター

日本での検索エンジンのシェアはヤフーとグーグルで約９割を握っています。したがって、ＳＥＯといえばヤフーとグーグルの対策と思っていただいてかまいません。

ヤフーとグーグルのユーザー数の比率は、ヤフー対グーグルでおよそ６対４ですが、現在グーグルがシェアを伸ばしてきて、その差を縮めてきています。

一方で利用者の属性で見ると、ヤフーは一般消費者が多いのに対して、グーグルは専門性の高い人が多いようです。そういったことからも、一般消費者向けの商品やサービスを紹介するサイトでは、アクセス数、反応率ともにヤフーがグーグルを大きく上回るといっていいでしょう。

したがって、商用サイトでＳＥＯを行う際には、特定の業種以外はヤフーの対策を中心に行うことをおすすめします。短期的に順位が上がりやすいのもヤフーのため、本書でもヤフーを重視した解説を行います。特にこれまでグーグルのみで対策されてきた読者にも参考になると思います。

# 3 SEOの「都市伝説」と検証のむずかしさ

## ▼SEOの都市伝説に振り回されるな

ＳＥＯには、いつの間にか常識として受け入れられているが真実ではない迷信や「都市伝説」的なことがたくさんあります。その理由には次の２つが考えられます。

・正確な検証をほとんど誰も行っておらず、結果としてみんなが受け売り情報を信じている
・サービスを売り込むためにSEO業者が使用する営業トークが、そのまま広く信用された

検索エンジンは、誰も正確なことがわからないブラックボックスです。順位決めのための評価要素は２００以上といわれ、それぞれの強弱をひんぱんに変えています。グーグルは年間に膨大な実験を行い、そのなかで成功したものを採用しますが、順位変動には定期的なアルゴリズム（順位づけのルール）更新によるもの以外にこの実験による順位変動もあります。

さらに評価される側のサイトも毎日膨大な数が、作成、変更、更新されたり、削除されたり

しているため、それらも順位変動に大きく関わります。

　このように、検索エンジンの順位はさまざまな要素が複雑にからみあって決まります。そのため、目の前で起こった結果からその原因を読むのは大変むずかしく、わからないことだらけです。これがSEOの「都市伝説」を生む背景といえるでしょう。

### ▼SEOはまだほとんど検証されていない

　SEOは検証がむずかしいものです。

　特に順位が上がったかどうかというのは、検索エンジンのアルゴリズムの変化やライバルサイトの運営状況にもよるため、本当に対策によって起きたものか、単に検索エンジン側のアルゴリズムが変わったから起こったものかがはっきりわかりません。

　よく「○○をしたら順位が上がりました！」とか「○○をしても順位に変動がありませんでした」などと、その行為が順位決定に関わったかのようにアピールする例がありますが、結果だけを見てもその対策が順位に影響を与えているのかどうか、影響を与えたとしても良い影響なのか悪い影響なのかさえ説明できていません。

　また「上位表示の○○位までの統計をとった」という検証があります。たとえば上位表示のサイトはドメイン経過年数が長いという統計結果が出ると、ドメインの経過年数が長いサイトが上位表示に有利だと結論づける場合があります。このような統計は一例として参考になりますが、「古いドメインだから上位表示に有利だ」という結論は正しくはありません。

なぜなら、ドメインの経過年数が長いということは、それだけ運営者の意識とスキルが高いためにサイト内の要素もより高度に最適化されたからかもしれませんし、実績があれば多くの被リンクを集めている可能性も高いものです。

つまり、上位表示の理由は単にドメインの経過年数が長いからではなく、ほかの要因によるのかもしれないのです。ですから、この程度の検証では不確定要素があまりに多すぎて、結論に誤りが多くなります。これらの例のように、検証といっても名ばかりの検証で、本当に意味のある検証は非常に少ないといえます。

## ▼SEOの常識は間違いだらけ

実際に意味のある検証をするには、かなりの時間と労力が必要です。その上、これらの検証を行うこと自体に、自分のサイトをスパム判定に追い込むリスクもあります。だから、そこまでして誰もやりたがらないというのが現実です。

また「アメリカのＳＥＯが日本の先を行っているから、いずれ日本でも同じようになる」として、アメリカで起きた事例をそのまま日本に持ってくる例や、拡大解釈の例もあります。一部の業者では、自社サービスを売るため、あるいはアドバイスの権威づけのために不確実なことを事実のように吹聴する場合もあります。誰も正確なことがわからないため、誰かがさも事実かのようにいえば真実のように伝わってしまうこともあるのです。

私のこれまでの経験からいえば、「ＳＥＯの常識は間違いだらけ」です。それを明確な形で示すことができるよう、さまざまな検証を行っている最中です。これまでに行った検証結果は巻末に詳しく掲載したので、興味を持たれた方は先に検証結果を読んでみてもいいかもしれません。多くの結果にきっと驚かれると思います。ここでそのなかの一例をご紹介します。

一般に相互リンクと一方的なリンクでは、一方的リンクのほうが効果は高く、相互リンクには効果がないとさえいわれています。そこで、その真偽を確認する検証を行いました。

検証では、相互リンクしてリンクを受けた場合と、一方的にリンクを受けた場合の両方のサイト構築を行い、どちらが被リンク元としてより高く評価されているかを調べました。

ちなみに「被リンク」とはリンクを受けること、つまりほかのサイトであなたのサイトへのリンクを張ってもらった場合、「被リンクを受けた（獲得した）」といいます。

このリンクの検証実験では、それぞれの順位に差がないことがわかりました。つまり、相互リンクでリンクを受けるのも、一方的リンクでリンクを受けるのも効果は同じということです。

これについては巻末付録で詳細に解説しているので参照してください。

# 4 SEOの都市伝説あれこれ

## ▼SEOの都市伝説と解説

ここではSEOにまつわるさまざまな都市伝説的な説と、それに対する私自身による検証結果からの見解をかいつまんでご紹介します。

### 「相互リンクは効果なし？」

すでに述べたように、相互リンクにも効果があります。しかも、それは一方的リンクと変わりがないという意味です。

ちなみにリンクをやりすぎるとスパムになるという話は、少なくともリンク集にして数十ページ、件数にして数千件以上の膨大な数のレベルです。

したがって、そのような数でなければリンクのやりすぎを気にするよりも、なるべく多く相互リンクをしたほうが良い結果が出ます。

## 「発リンクが100を超えるとリンク効果がなくなる?」

グーグルが1ページからの発リンクを100以下にするように推奨しているため、100を超えるとリンク効果がなくなるといわれています。グーグルではこの真偽を確認するすべがないので、はっきりしたことはいえません。

しかし、ヤフーでは100を超えても間違いなく効果があります。私のサイトでは検証のため500以上の発リンクがあるサイトがありますが、リンクするたびに依然としてリンク先にしっかり認識されます。しかも、リンク元順位の上位でもあります。

## 「関連サイトからの被リンク効果は高い?」

被リンク効果は、関連サイトからのリンクのほうがより効果があるとされています。グーグルではその可能性がありますが、ヤフーではそれを裏づけるはっきりとした事実はありません。ヤフー検索にはまだ関連サイトかそうでないかを判別する技術がない可能性もあります。

いまは仮にヤフーでは関係がなくても、将来的に考えれば関連しないよりは関連したサイトからのリンクのほうが良いのも間違いありません。

## 「ＩＰ分散すれば効果がある？　ＣクラスのＩＰも変えなければダメ？」

ＩＰ分散されたサイトからのリンクには効果があると、ＳＥＯの常識のようにいわれています。簡単にいえば、近所ではないサイトからのリンクのほうが上位表示に有利という説です。

ＩＰはサーバーに割り当てられた固有の番号で、ＩＰ分散とは多くのサーバーに分散されていることをいいます。ＩＰアドレスは「123.456.789.123」と12桁の数字で表記され、最初の３桁を「Ａクラス」、以降を「Ｂクラス」「Ｃクラス」「Ｄクラス」と呼びますが、一番ローカルで下位のＤクラスだけでなくＣクラスでも、異なるＩＰでなくてはダメといわれることもあります。これはＣクラスが同じサーバー会社である場合が多いからかもしれません。

しかし、これもかなり怪しい常識です。特にヤフーを使って行った検証では、その優位性は確認できませんでした。

また、同一ＩＰからのリンクは２つまでしか認識できないという話がありますが、それは間違いで、私は実際にそれ以上のリンクを認識していることを確認しています。

よく考えれば、人気のあるアメーバブログの有名ブログの10件からリンクされても、そのうち８件を認識しないというのは正当な評価とはいえないですし、そうなることもありえないでしょう。

## 「3つ以上の自社サイト内相互リンクはリンクファーム?」

リンクファームとは、たくさんのサイト運営者が協力してお互いのサイト同士を相互リンクさせることです。

アメリカで非常に大掛かりに行われたリンクファームに対して、グーグルがスパム認定を発動したことが一度あります。この行為では検索エンジンの検索結果を不当にゆがめるものとして、グーグルは関係サイトに対し一斉にペナルティを発動しました。それが日本では拡大解釈されています。

いままで私は数個から10個程度の自社サイト内相互リンクを何度も行っていますが、一度も問題は起きていませんし、検証結果でも問題は出ていません。同一サーバー、同一ドメイン同士(サブドメイン)10個の相互リンクであっても問題のない結果が出ました。

## 「新しいサイトは上位表示されない?」

グーグルでは、一定の期間を経ないと新規サイトは上位表示されないようにエイジングフィルターを使って制御しているといわれます。しかし、実際にはむずかしいキーワードでなければ作成後1か月で10位以内に入ることも珍しくありません。

ヤフーでは私が示した実績の通り、なおさら早期に上位表示します。

## 「サイトマップはつくるべき？」

サイトマップの作成をすすめるアドバイスも多く見受けられます。グーグルやヤフーが推奨しているので、それは必然かもしれません。

しかし、検索エンジン側からすればなるべく多くの情報をキャッシュしたいという思惑があって推奨するのであり、サイト運営者にメリットがあるかどうかは別問題です。私は効果が未確認なのと、いままで必要性を感じたことがないためサイトマップの作成は特におすすめしていません。

多少の効果があるとしても、作成する労力との兼ね合いでプラスになるかどうかで判断すべきです。早く各ページをクロールしてほしいのであれば、被リンクを集めることに注力したほうが確実です。

## 「急激な被リンクはペナルティ？」

急激にたくさんのリンクを受けるとスパムになるとか、少しずつコンスタントに増えていくリンクが最も効果がある、といわれています。

これもSEO会社による契約継続のための営業トークが広く信じられた例だと思います。リンクの増え方は意図的にゆっくり行っても、上位表示する結果が遅くなるだけで、よほど異常なことをしないかぎりほとんど問題ありません。

## 「リンク場所によって効果に違いがある？」

ウェブページ内のサイドメニューやフッターからのリンクよりも、記事中からのリンクのほうがより効果があるといわれはじめています。これに関しては私の検証実験によりはっきりした結果が出ています。

## 「ミラーサイトはスパム判定される？」

ミラーサイトは内容のほとんどが同じサイトで、文字通り鏡のようなサイトということでこう呼ばれています。同一サイトの存在は意味がないとして、ミラーサイトをつくると一定のペナルティを受け、最悪はインデックス削除になるといわれます。

インデックスとは、検索エンジンが格納している目次のことで、インデックス削除は最も厳しいペナルティで目次から削除されて検索結果に表示されなくなります。こうなってしまうと、対象ドメイン自体が復帰できないことも多いです。

しかし、私の検証では99パーセント内容が同じサイトでもインデックス削除にはならず、ペナルティを受けるような問題は起こっていません。

## 「Jリスティング、クロスレコメンドは効果がある？」

ヤフーカテゴリー登録の次にお決まりのように出てくるのが、この「Ｊリスティング」と「クロスレコメンド」です。

しかし、これに対して費用対効果を踏まえた解説を見たことがありません。この登録をすれば、検索エンジンからの被リンクをたしかに認識できる場合もあります。しかし、効果がゼロというわけではない、というレベルにすぎず、費用対効果はまた別の問題です。この効果については未検証ですが、私の経験から考えるとあまりおすすめできません。

## 「W3C基準に準拠したサイトは効果がある？」

「Ｗ３Ｃ基準に準拠して作成されたサイトはＳＥＯ効果がある」というのもよくいわれるＳＥＯの常識です。Ｗ３Ｃ（World Wide Web Consortium）はインターネット技術の標準化団体ですが、その基準に準拠すればより多くのブラウザやＯＳ環境からの閲覧が可能となり、検索ロボットのクローラーも読みやすくなって効果があるといわれます。クローラーはウェブ上のテキストや画像を一定間隔で取得しデータベース化する検索エンジンのプログラムで「ロボット」や「スパイダー」とも呼ばれます。

しかし、この説に対して次のような疑問があります。

「進化中のクローラーが認識できないサイトがどれほどあるのか?」

「クローラーが読みにくいことを理由に評価を下げられることがあるのか?」

「クローラーにとって不都合でもサイト利用者にとっては無関係ではないか?」

　特に注目したいのは最後のサイト利用者と関係があるかないかという点です。

　サイト利用者にとって使いやすいかどうか、魅力的かどうかはW3Cとは無関係なはずです。仮に、構文がきれいなサイトは内容も良いと検索エンジンが判断すれば別ですが、いまのところそのような判断をするとは考えられません。またクローラーが正しく認識できなければインデックス化が遅れる可能性はありますが、それも短期間で解決する問題でしょう。

　手間がかからなければW3C準拠はやったほうがいい、というのが私の立場ですが、「SEOに効果がある」「上位表示しやすい」という考え方にはあまり根拠がありません。

## 「順位が下がるごとにクリック数が3割ずつ落ちる?」

「1位は全クリック数の42パーセント、クリック数は順位が下がるごとに約3割落ちる」といった統計の話が出ることがあります。これはアメリカのAOLという会社が2006年3〜5月当時に調べた結果で、そのデータがいまでも広く使われています。

　しかし、これはアメリカで行われた3年以上前の古いデータです。信用できる調査結果だとしても、3年以上も前の話であるのと、アメリカ人と日本人の行動特性の違い、またキーワードによっても大きく左右されるので、現在の日本にそのまま適用できるかは疑問です。

たとえば、「○○とは」で簡単な用語を調べた場合、多くは検索結果の上位3位以内のサイトで問題が解決します。しかし美容整形をどの病院で行うかを検討する人は、10位以下まで念入りに調べるのではないでしょうか。

どんなデータについてもいえますが、いつ、誰が、どのように調べた結果なのか、その結果が現在の消費者にも適用できるのかを把握する必要があります。データを一度安易に信じてしまうと、間違った判断で行動し続けてしまいます。そのような誤った前提で行動するよりも、わからないことはわからないとして推理や推測を前提に考えて進めるほうが実りは大きいと思います。

ヤフーやグーグルでのクリック率は私たちでは調べることができません。たとえば簡単なキーワードで1~10位まで独占して調べる方法もありますが、これでは特定のキーワードについての結果がわかるだけで、その結果に普遍性はまったくありません。あらゆるキーワードの平均を出せるのは検索エンジン自体だけですし、いまの日本に適用できないデータはあまり参考にしないのが得策です。

私の知るかぎり、検索エンジンの順位別クリック率は次の要因で大きく変化します。

・検索した人の求めている情報は何か（少し調べればわかることなのか、たくさん調べなくてはならないことなのかなど）
・それに対する表示されたサイトの内容や属性
・題名や説明文

## 「役立つコンテンツを作成すれば、いずれは順位が上がる?」

ＳＥＯの王道を説く人は、「役立つコンテンツさえつくれば自然と順位が上がってくる」といいます。この考え方はひとつの指針としては間違いではありませんが、それだけで順位が上がるケースは少ないといっていいでしょう。

少なくとも有料でＳＥＯサービスを行っている会社がこの王道を第一に説くのであれば、お客様のためにその「役立つコンテンツ」をつくって結果を出すべきではないでしょうか。結果を出せない言い訳だとすれば、お客様の期待を裏切ることになります。

ほかにもたくさんありますが、ＳＥＯにまつわる疑問や都市伝説の代表例をご紹介しました。ＳＥＯはまさにミステリーの宝庫です。それらを巻末の検証を参考にしていただきながら本書で解決し、最速のＳＥＯを実現していただきたいと思います。

第2章

# 最速SEOを実現するコンテンツ（内部要素編）

# 1 SEO実践の基本

## ▼SEOは「内部要素」と「外部要素」で行う

ビジネスで用いるサイトではマーケティングの観点からそのサイトを有意義に構成し、SEOの効果をより高めることも事前に検討しなければなりません。

またSEOの施策は次の大きく2つの要素に分けることができます。

・SEOの施策①「内部要素」
・SEOの施策②「外部要素」

内部要素は「内的要素」とか「サイト内要素」などとも呼ばれ、サイトの構成や内容など、サイト運営者が自分でコントロールできる部分になります。この内部要素についてはこの章で解説します。

外部要素は「外的要素」とか「被リンク対策」などとも呼ばれ、被リンクをどう獲得するかという課題です。これは他者の協力がなくてはならない部分になります。これに関しては第3章で解説します。

内部要素と外部要素は車の両輪のようなもので、上位表示をするにはどちらもおろそかにできません。以前からグーグルは外部要素を重視し、ヤフーは内部要素を重視するといわれますが、両者に対する手法について特に大きな違いはありません。ヤフーのほうが内部要素に対するスパム判定が厳しくなっているため、用心したほうがいいというくらいです。外部要素の対策はグーグル、ヤフーとも同じと考えてかまいません。

近年は内部要素をしっかりと行っているサイトが増えてきているので、特に激戦のキーワードでは外部要素の比重が高まっているといえます。

## ▼重要なのは魅力的なサイトをつくること

前章で魅力的なサイトづくりだけではNGといいましたが、一方で「どうやって検索エンジンの裏をかいて楽に上位表示をするか」ばかりを考えている人もいるようです。しかし、そのような考え方では短期的にしか通用しないSEOになってしまいます。

SEOの本来の役割は、スムーズに検索エンジンを呼び込み、サイトの内容を正しく認知してもらうことで、決してごまかすことではありません。

最終的に大切なのはやはりサイトの内容で、利用者にとって役に立つ、魅力的なサイトをつくるということを真剣に考えてください。これから本書でさまざまなテクニックをご紹介しますが、制作時のみならず、サイトを運営している間は常に念頭に置いてほしい大切なポイントです。

**▼「売れる商品かどうか」を考える**

ここではＳＥＯを行う前に考えておくべきマーケティングに触れておきます。

ＳＥＯでマーケティングというと不思議に思う読者もいるかもしれませんが、ＳＥＯではマーケティングが不可欠なのに軽視されることが非常に多く、これを考えずにＳＥＯの施策に入ると取り返しのつかないことになる場合もあります。

販売サイトに代表される商用サイトを運営する際、何より大切なのは売るべき「商品」です。商品やサービスなどの売るべき商材があってこそのＳＥＯという大前提があり、この前段階の分析が非常に重要です。このＳＥＯの前段階でよく考えておくべきポイントは次の3点です。

・露出が増えれば売れる商材か否か
・お客様があなたのサイトを利用するメリットがあるか

### ・どれだけ売れれば利益が十分出るのか

マーケット性のある商材なのかどうかもわからずにSEOを行うのはおすすめできません。もしそれがわからない場合は、宣伝広告を打ったり、リスティング広告で多くの人にサイトを見てもらったりして反応を見ることをおすすめします。

リスティング広告は、ヤフー検索エンジンに掲載されるオーバーチュアやグーグル検索エンジンに掲載されるアドワーズを代表とする広告で、PPC（Pay Per Click）広告ともいわれる有料広告です。キーワードごとに広告を出すことができ、広告に対する1クリックごとに広告料金がかかります。

もしリスティング広告で数百以上のアクセスがあっても具体的な問い合わせや注文などの反応がなければ、商材自体の問題かサイトの問題のどちらかということになります。こうした問題がある場合、SEOで上位表示しても結局は成果に結びつかない可能性が高くなります。

## ▼「このサイトから買う理由があるかどうか」を考える

もし商材に問題がなくて反応がなければ、消費者がサイトを利用するメリットを考えなくてはなりません。そもそも物販であれば圧倒的に強い集客力を持つ楽天市場があります。オークションであればヤフーオークションが圧倒的です。またそれぞれの業界で「○○だったら、このサイト」といった代表的なサイトがあるものです。

これらのサイトをよく研究して、あなたのサイトがより便利かお得といったメリットを出さなければなりません。これは大手サイトよりもコンテンツを単純に充実させるということではなく、対象となる顧客を明確にしているとか、よりシンプルで購入しやすい、商品写真がほかのサイトよりも多いとか美しいなどの差別化が必要だということです。

## ▼「十分な利益を出せる商材かどうか」を検討する

次に考えなくてはならないのが利益の問題です。

単純にいえば、一販売当たりの利益が大きい商材が理想的です。小さいものでも大量に売れる見込みがあればかまいませんが、なかにはよほどたくさん売れなくては結果として黒字にならない商品もあります。それらをあらかじめ計算しておく必要があります。

たとえば、単価１０００円で1個売れれば５００円の利益が出る雑貨があるとします。この商品で月間30万円の粗利益を出すためには、月間６００個も売る必要があります。通常、来訪者が販売サイトで購入に至る確率は１パーセント程度なので、この商品を６００個売るために必要なアクセス数はおよそ6万アクセスになります。

月間６万アクセスということは、１日で２０００アクセスです。これだけのアクセス数を集めるには相当の時間を費やしても決して簡単ではありません。

このように、「商品力」「サイトのメリット」「利益」の3点をよく考えてからSEOを行わないと、企画段階で根本的に結果が出ないということになります。

SEOといえば上位表示をさせることですが、それ以前にビジネスの根幹に関わるこれらの条件をしっかりクリアしてからSEOを行わないとムダな時間とお金を費やすことになります。

### ▼サイト構成は「わかりやすさ」と「信頼」から

扱う商材には問題なく、十分ビジネスができる場合、次に考えるのはサイト構成です。サイト構成で重要なポイントは次の２つです。

・一見してわかりやすいこと
・信頼性が高いこと

わかりやすいというのは、何をしているサイトか、何ができるサイトなのかがすぐにわかるということです。見た瞬間に何をしているサイトかがわかるようにしてください。

ベストなのは一目でわかる題名や一番目立つキャッチコピーがあることです。そして、このサイトを使ってお客様に何をしてほしいのかも明確にします。商品を買ってほしいのか、見積もりを依頼してほしいのか、問い合わせてほしいのか、などがすぐにわかるように目立つテキストや色で右上やセンターに配置してください。

ネットには類似サイトが多くあふれ、最近はユーザーも気が短くなっています。もし直感的にわかりにくければ瞬時に別サイトへ立ち去ってしまうため、それを逃さない工夫が必要です。お客様はサイトの意図がわかって、はじめて内容に興味を持ってくれるのです。

### ▼購入に至るためには「信頼」が必要

わかりやすさと同時に必要なのが「信頼」です。実際の購入に結びつくかどうかはサイトの信頼性にかかっているため、最も重要です。

たとえば、最近では一般的にサイトデザインのレベルが上がっているため、あまりにみすぼらしいデザインでは信頼性が低いと判断されて、サイトの内容を見る前に「戻る」ボタンを押されてしまいます。デザインのすばらしさで購入に直接結びつくことはほとんどないため、他サイトと競う必要はありませんが、最低限のレベルのデザインは必要です。

また、「特定商取引法に準じた表記」を入れるのは必須です。

これら最低限の要素に加えて、利用者の体験談と運営者の言葉をできるかぎり充実させます。クチコミサイトやQ＆Aサイトが流行っていることからもわかるように、ウェブサイトで商品購入やサービス利用を検討している人は、ほかのユーザーの評判や評価を気にしていて、そのサービスを利用するかどうか重要な判断材料にします。

特に体験談は企業側の宣伝文句より重要です。内容はありきたりなものではなく、写真入りや手書きが望ましく、数も多ければ多いほどいいものです。

運営者の言葉も必ず入れるようにしてください。運営者の言葉が入っているサイトはいまだに少なく、それだけ信頼性を高める効果があります。なるべく運営者自身の言葉で、運営にかける思いを写真入りで熱く語るのが一番です。

これらの成約に結びつくサイト構成に関する情報は「キーワードマーケティング研究所」（http://www.niche-marketing.jp/）をおすすめします。主にリスティング広告の情報発信やコンサルを行っていますが、売れるサイトづくりやサイト構成に関しても信頼できる情報を提供しています。

# 2 成功するキーワードの選び方

## ▼「キーワード」の選び方

実際のSEOの施策で最も重要なのは「キーワードの選定」です。くれぐれも思いつきのキーワードで決めないようにしましょう。

現在のSEOは、サイト全体に対する優劣の評価ではなく、キーワードで上位表示を目指すものです。以前なら、サイト全体の評価が高ければさまざまなキーワードで上位表示が可能でしたが、最近では欲張ってキーワードを多くすると、どれも中途半端な順位にしかならず、結果的にアクセスに結びつかないことになりがちです。

ですから、少なくともサイトのトップページでは原則ひとつのキーワードにしぼるように心がけてください。キーワード選びは次のフローで行います。

①売り込むサービスや商品名を挙げる

↓

②サービスやサイトの特徴、地域名を挙げる

←③利用者の立場から潜在的な言葉を発掘する

←④検索数や属性の適合を調べる

←⑤原則ひとつのメインキーワードと複数のサブキーワードを決める

これらのそれぞれの手順について次から詳しく解説します。

### ①商品やサービスの名前を書き出す

まず売りたい商品やサービスの名前を書き出してください。ここでは思いつくままに具体的に挙げます。さらに商品名やサービス名だけでなく、それらに伴う言葉も書き出します。

たとえば、婦人服販売のお店であれば、「婦人服」はもちろん、「レディースファッション」「女性洋服」などがあり、ワンピースを売る場合などは「ワンピース」や「ワンピース　かわいい」とか、「夏物ワンピース」「人気ワンピース」でもいいでしょう。

また、「英会話教室」であれば、「英会話教室」はもちろん、「英語」「英会話」「英語学習」「英語教育」「英語　上達」「英会話　初心者」などがあります。

この段階では検索数の大小は気にせず、とにかく売りたい商品で連想できるキーワードをすべて書き出すようにします。

## ②商品やサービスの特徴や地名を書き出す

書き出した商品やサービスに、次のような言葉をあてはめます。キーワードの選定では、ここが一番のポイントです。

- 「どんなことをやっているか」……（例）「通販」「販売」「相談」「予約」
- 「サービスの特徴」………………（例）「激安」「格安」「高級」「簡単」「専門店」
- 「サイトの特徴」…………………（例）「比較」「ランキング」
- 「対象となる地域の範囲」………（例）都道府県名、市町村名はもちろん、駅名や「湘南」「首都圏」「関西」などの一定の地域名も。

これらの言葉は念入りに類語検索を行ってから決めてください。類語を調べるには「フェ

## ◉このハガキを送付する前に！注意事項

1. すでに、「電脳会議」が送付されている方は、このハガキを送付しないで下さい。同じものがダブって配達されてしまい、ご迷惑をお掛けします。
2. 外国在住の方はご遠慮下さい。国外への封書送付は事務局の能力及びすべて無料という建前から手間及び費用の関係で出来ません。
3. 氏名及び郵便番号、住所は、かならず楷書で記入してください。また、マンションにお住まいの方は、出来るだけ住所表示を略式（番地の後に部屋番号を入れる方式）にして下さい。
4. 送付先は原則「自宅」宛として下さい。
5. 上記要件が満たされていない場合は、残念ながら事務局の判断で送付を見送らせていただく場合がありますのでご注意下さい。

## 電脳会議の送付を希望します

DENNOUKAIGI

| | |
|---|---|
| フリガナ | 性別　男・女 |
| 氏名 | 年令　　才 |
| 自宅住所　〒　　　-　　　　都道府県 | |

## ◉技術評論社編集部への要望事項

郵便はがき

恐れ入りますが、50円切手を貼って投函して下さい

162-0846

東京都新宿区
市谷左内町21-13

株式会社技術評論社
電脳会議 DENNOUKAIGI 事務局行

## 電脳会議 DENNOUKAIGI は情報の宝庫、一切無料！

「電脳会議」は、年5～6回の不定期刊行情報誌です。16頁オールカラーで、弊社発行の新刊・近刊書籍・雑誌を紹介しています。また、この「電脳会議」の特徴は、単なる本の紹介だけではなく、著者と編集者が協力し、その本の重点や狙いをわかりやすく説明していることです。平成17年に「通巻100号」を超え、現在、通巻150号に迫る、パソコン界で評判の情報誌です。

◉「電脳会議」の送付費用は無料です。そのため、弊社事務局との間には、権利＆義務関係は一切生じませんのでご了承下さい。

レットプラス」（http://ferret-plus.com/trend/）や「グーグルアドワーズ　キーワードツール」（https://adwords.google.co.jp/select/KeywordToolExternal）がおすすめで、どちらも無料で利用できます。さらにライバルサイトを調べて、どのようなキーワードを狙って運営しているかをチェックするのも有効です。

### ③利用者の立場からキーワードを掘り起こす

その言葉がほかにどのようなニーズを持つ人に検索されるかも想像して、さらにキーワードを書き出します。

「婦人服」であれば、冠婚葬祭関連の言葉など、その商品を着ていくシチュエーションを考えてみましょう。有名人が着ている服を販売しているのなら、その人の名前や出演している映画やドラマ名などもキーワードになるかもしれません。

「英会話教室」であれば、「海外旅行」「留学」「ホームステイ」など、英会話を必要とする人がどのような人なのかを考えることも必要です。

これらは、婦人服や英会話教室に関連した言葉だけを考えても出てこないので、サイト利用者の立場に立って、考えることが必要です。

このようにさらに多くのキーワードを抽出する理由は、トップページのメインキーワードになる可能性はないとしても、サブページのキーワードで使用できますし、サブページを増やしてコンテンツを充実させる際にも役に立つからです。これらの作業を通じて新たなサイト作成を視野に入れたり、それまで考えていなかった需要を掘り起こすきっかけになったりする場合もあります。

### ④検索数や属性を調べる

キーワードを書き出したら、次にそれらのキーワードのなかで検索数が多いものか、やや少なくても「属性」が合うものを選び出します。この属性は、サイトにアクセスした人の性別や年代、趣味、嗜好のことです。いくらアクセスが多くても、商品と属性が合わないと成約に結びつきにくいですし、逆に少ないアクセスでも属性が合えば成約しやすくなります。

この検索数を調べるのは、グーグルアドワーズの「キーワードツール」(https://adwords.google.com/select/KeywordToolExternal) がおすすめですが、検索数が多いキーワードでも、あまりに競争が激しい場合や、属性が幅広すぎて利用者がしぼりこめない場合は避けたほうが無難です。

キーワードの検索数を調べる際は、検索条件を「部分一致」や「フレーズ一致」ではなく、「完全一致」にします。「部分一致」や「フレーズ一致」での検索数が多くても「完全一致」では検索結果が極端に少なくなる場合があるので特に注意してください。

調査した検索数は一定数の範囲で記号を決め、多い順に◎、○、△、×というように書き出します。属性も同様にわかりやすい記号で書きとめておけば、後で見返す際にも便利です。

## ⑤キーワードを選定する

書き出したキーワードの検索数を調べたら、メインキーワードを最終的に原則ひとつだけ選びます。その際に注意するのは、ひとつの単語だけのキーワードと、その単語にさらに単語がつながったキーワードでは、それぞれまったく異なるキーワードとして考えることです。

たとえば、「コンタクトレンズ」と「コンタクトレンズ処方」ではまったく違うキーワードであって、「コンタクトレンズ処方」での上位表示を狙えば自然と「コンタクトレンズ」でも上位表示できると考えてはいけません。

さらに、検索者の検索の意図を考えることも必要です。

私の失敗例ですが、事業者向けにハーブティーを卸している会社で「業務用ハーブ」や「ハーブ卸」で上位表示を実現しました。しかし、アクセス数が伸びたものの、肝心の受注にはさっぱり結びつきませんでした。この原因を調べてみると、アクセスした事業者はできあがったハーブティーではなく、ハーブの原料購入を目的にアクセスしていたのでした。

このような微妙なミスマッチを起こさぬよう細心の注意が必要です。キーワード選定は業界内の人でしかわからない部分も多いため、業者に丸投げせずに選定してください。

メインキーワードは原則ひとつにしますが、難易度の低いキーワードの場合は複数でもかまいません。さらに「格安　家具　通販」や「整体　東京　港区」などの3語の組み合わせを狙うことも検討してみましょう。

いずれにせよ、選んだキーワードはサイト内の文章とリンクテキストの両方で必ず使用します。したがって、タイトルや本文中で表現可能な単語であることと、リンクしてもらう際に使用してもらえるという、両方の条件がそろっている単語にする必要があります。

### ▼地域名をキーワードに入れる際の注意

キーワードに地域名を入れようとして、多くの地域名を入れすぎる場合があります。特に対象範囲が広い場合、上位表示してほしい地名すべてを大量に羅列する例が多いですが、これはサイト全体としてマイナスになります。

キーワードが増えてパワーが分散するだけではなく、ヤフーでは過度にSEOを意識したサイトを落とすヤフー独特のフィルターが働いているらしく、スパム的な扱いを受ける場合もあるので注意しましょう。

地域名はもともとしぼり込んで簡潔に表記できるものです。

たとえば、東京23区なら、「新宿区、渋谷区、中野区……」などとすべてを羅列するのではなく、「東京23区」と表記できますし、サービス対象外の場所は「○○区と△△区は除く」と表記できます。日本全国が対象なのに、全都道府県を羅列するのもユーザビリティを損なうことになります。全国の大部分が対象であるなら例外だけを記載するべきです。

もし東京都港区で整体を行っているサイトであれば、「整体　東京」あるいは「整体　港区」、２つの地名で上位表示を狙う場合は「整体　東京　港区」などとするのが理想です。

１都３県にまたがる場合でもキーワードにする地域名は２つまでにして、さらにキーワードが必要な場合はほかの地域名で別サイトを作成し、そこでの上位表示を狙いましょう。

# 3 ヤフーで重視される「内部対策」

### ▼内部要素は「訪問者と検索エンジンへのアピール」

本章冒頭でSEOは「内部要素」と「外部要素」に分けられると説明しましたが、この章では「内部要素」の最適化に焦点をしぼって説明します。

内部要素は、訪問者と検索エンジンの両方を対象に最適化を行わなければなりません。訪問者に対しては、商品やサービスをアピールして購買などの目的の行動をとってもらうことが最も重要です。その一方で検索エンジンに対しては、どのようなテーマのサイトか、どのような質と量で書かれているかをアピールしなくてはなりません。

訪問者に好かれることと、検索エンジンに好かれることは必ずしも一致するものではありませんが、最近はかなり近くなってきています。これは検索エンジンが利用者にとって良いサイトを高く評価するようになり、その精度が高まってきているからです。

## ▼ヤフーに求められる対策

検索エンジンの特徴としては、グーグルは外部要素が重視され、ヤフーは内部要素が重視されるといわれています。

たしかに、グーグルでは被リンクの質や量が重視されており、内部的には意図的なスパム行為でもないかぎり、比較的安定した順位に落ち着く場合が多いです。グーグルでは内部的にはサイトごとではなくページごとの評価をする傾向が強く、評価もページごとのコンテンツ（文字数）が多いほど有利になります。

これに対して、ヤフーは最近ますます内部要素を重視している傾向があります。ヤフーではページの最適化だけでなく、サイト全体の最適化も必要になってきました。ただ誤解のないようにつけ加えると、ヤフーが内部要素を重視しているので被リンク対策をおろそかにしてもいいのではなく、ヤフーでの上位表示は被リンク対策を行ったうえで内部要素もきっちりと行う必要があるということです。

ヤフーでは内部要素へのスパム判定が厳しいのも事実ですが、短期的に上位表示するにはむしろグーグルより被リンクによる影響が大きいともいえます。

### ▼激増するヤフーのスパム判定

ヤフーの内部対策については、2009年9月4日のアップデート、そして9月14日のバージョンアップ変更で非常に多くのサイトがスパム判定を受けました。

一方でスパム判定が解除されたサイトが少ないことを考えると、ヤフーのスパム判定基準がより厳しくなったといえます。以前もそうでしたが、ヤフーは意図的に上位表示させようとするサイトを狙い撃ちしてスパム認定を発動していると思われます。

その理由は「過度のSEOによって健全な検索結果が損なわれる」とのことですが、この2009年からの基準が非常に厳しいため、SEOをほとんど意識していないサイトにまで悪影響を与え、それまで上位表示されていたサイトが大きく順位を下げたり、圏外に飛ばされたりしました。一方で、10位程度の下げの場合もあり、スパム判定を受けたと気がつかない場合もあります。

こういったスパム判定を受けた場合、それに気づかずに被リンク強化を行ってもなかなか元に戻りません。したがって、原因を確実に把握して、その原因に応じた対応が必要です。

もはや「意図的な対策はダメで、自然に行えば大丈夫」というレベルの問題ではなく、あえていえばヤフーにとって「自然」に見えるように、意図的に自然を装うしか方法がありません。

しかし、最速のSEOを目指すのであれば、それくらいは当然だと思う必要があります。

# 4 トップページのSEO

## ▼トップページの「タイトル」でのキーワードは2回まで

トップページのＳＥＯについてひとつひとつ見ていきましょう。

特にヤフーはサイト全体を見て評価する傾向が強く、上位表示にはサブページも最適化する必要がありますが、トップページがより重要であるのは間違いありません。

まず、トップページのタイトルでのキーワードは２回までの記載にしてください。３回以上だとスパム要因になります。また、キーワードはなるべく一番はじめに持ってくるようにしてください。そして、気をつけなくてはならないのは、キーワードは１文字でもスペースが入ったり入っていなかったりすると別のキーワードになるということです。

たとえば、使いたいキーワードが「大阪」と「不動産」の場合、「大阪不動産」や「大阪不動産情報」ではなく、それぞれの単語を明確に分けなくてはなりません。もしそうでないと、それぞれ「大阪不動産」や「大阪不動産情報」では上位表示しても、肝心の「大阪　不動産」ではまったくヒットしないということになりかねません。

私がおすすめするのは「大阪の不動産」と、「の」を入れることです。

なぜかというと、キーワードをスペースで区切って表記する方法はSEOをかなり意識した方法のため、将来的に問題になる可能性があるからです。あくまで自然な表記という観点からすれば「大阪の不動産」であるべきです。また「の」を入れるもうひとつのメリットは、文字通り「大阪の不動産」でも上位表示できることです。検索者には「大阪の不動産」で検索する人も少なからずいるので、この言葉での上位表示にもメリットがあります。

また、途中でページのタイトルを変更したらグーグルで順位が下がったという報告が多く出ています。定かではないものの、タイトル変更はSEOを過度に意識しているに違いないとグーグルが考えて、評価を下げている可能性はあります。その可能性がある以上、タイトルを最初にきっちりと決めて、その後は変更しなくても済むようにするのが得策です。

### ▼「メタキーワード」は正しく記述する

メタキーワード（Metakeywords）について、グーグルは無視しているといわれ、ヤフーやビング（Bing）では参考にしていると思われます。

ヤフーも含めてすべて無関係と主張する人もいますが、仮にそうでも今後どうなるかわからないのと、正しい記述は簡単にできることなので、しっかりやっておきましょう。

ここで記載するキーワードはできればひとつで、どんなに多くても５つ以内にしましょう。ダメモトで10以上のキーワードを入れるサイトも少なくありませんが、すでにいくつかのキーワードで上位表示しているサイト以外では、最初は決して欲張らずに極力数をしぼるようにしてください。

## ▼「メタディスクリプション」はお客様向けに書く

メタディスクリプション（meta description）は、検索時に表示された場合にサイトの説明文として表示される部分ですから、ＳＥＯのためというよりもお客様向けのアピール文章であることを意識してください。

グーグルでの検索結果のサイト説明文では、この文章がそのまま表示され、ヤフーではこの文章と本文に書かれている部分のどちらか、または両方が自動的に抜粋されて表示されます。そして、ヤフー、グーグルともに検索されたキーワードが太字で表示されます。

メタディスクリプションの書き方は、キーワードをなるべく文章の先頭近くに置き、検索者と検索エンジンに向けてアピールするよう記載します。そして、単なる単語の羅列ではなく、助詞や助動詞を入れたなるべく自然な文章にしてください。

たとえばキーワードが「横浜　矯正歯科」であれば、「横浜矯正歯科」や「矯正歯科医院」などとせずに、「横浜の矯正歯科を行う専門病院」などという形式にします。

　ここでのキーワードは自然な形であれば3回程度まで記載しても問題ありません。

### ▼＜h＞タグはキーワードの入れすぎに注意

＜h＞タグは見出し設定をするためのタグで、＜h1＞から＜h6＞までの6段階まであります。＜h1＞は最上位のレベルで通常は文字も大きく、＜h6＞は最も下位のレベルです。どれも見出しとして利用者だけでなく検索エンジンにとっても内容を判断するための重要な要素です。

　＜h＞タグは、ほかの要素の状況によって対策が異なります。本文中にキーワードが少なければ多めに入れ、本文中にキーワードが多ければ少なめに入れます。＜h＞タグの周りにキーワードが多い場合も使用を控えます。

　一般的には＜h1＞か＜h2＞タグのどちらかにキーワードを入れるようにしますが、＜h＞タグではむしろキーワードを多く入れすぎないことに気をつけましょう。

　たとえば＜h1＞から＜h6＞までのすべてにキーワードが入ることがないようにするべきです。仮に＜h1＞タグに入れたら＜h2＞タグには入れない、＜h3＞タグに入れたら＜h4＞タグには入れない、というような調整が必要です。

# 5 最も重要なトップページの本文

## ▼トップページの本文はなるべく多くする

トップページの本文は、トップページのＳＥＯだけでなくサイト全体のＳＥＯにも重要な部分です。タイトルやメタタグは比較的単純で誰でも簡単に変更できるため、あまり差はつきませんが、ここでは大きな差がつきます。ここから最新事情を反映しつつ、今後の動向も予測して長期に通用するためのテキスト作成術を紹介するので、最速ＳＥＯには必須のポイントとして押さえてください。

まず、トップページは特にできるだけ多くの文章を記載するよう心がけてください。絶対的な文章量は一概にはいえませんが、最低でも６００文字ぐらいは必要です。１行20文字程度なら、30行程度ということになります。ただ、これはあくまで最低レベルであって、多ければ多いほどベターと考えてください。

トップページの文章量が少ない例が非常に多くのサイトで見受けられます。特に大企業や資金の豊富な会社ほど、トップはイメージ画像が主体になっていて、ほとんどのコンテンツが画像とメニューだけになっていることがあります。しかし、仮にどんなにすばらしい画像や文言、構成だったとしても、文章が少ないというデメリットは大きいです。

なぜなら、検索エンジンは文章しか読めず、画像は単なるイメージやキャッチフレーズにすぎず、あまり役立つコンテンツはないと判断しています。実際に、そのようなページよりもサブページであっても役立つコンテンツのあるページに高い評価を与えようとしています。

グーグルは以前からそうでしたが、ヤフーもその傾向が強まっています。（ヤフーの場合、同条件であればトップページのほうがＳＥＯに有利）。

ですから、トップページに役立つ情報を入れることに躊躇してはいけません。役立つ情報とは何もウンチクばかりではなく、サイト運営者の運営にあたっての思い入れや、おすすめ商品の紹介でもかまいません。

「そんなことをいっても、何を書けばいいか全然わからない」「書くべきことはサブページに全部書いてある」という方も多いと思います。そこで文章の書き方や増やし方に関して、本章後半で詳しく解説するので、ぜひ参考にしてください。

### ▼代替テキスト（ＡＬＴタグ）

代替テキストは「ａｌｔタグ」や「ａｌｔ属性」とも呼ばれる画像の代替となる文章で、画像の上にマウスポインタを当てると出てくる文章です。眼の不自由な方のための音声読み上げソフトや閲覧環境に不備がある場合に効果を発揮します。検索エンジンは代替テキストも参考にするので、ＳＥＯでは文章量を補完したり、キーワードの調節にも利用したりできます。画像には必ずａｌｔタグを入れて、画像に書かれた言葉をなるべく忠実に記載してください。もしキーワードが多すぎる場合には減らす工夫も必要です。

検索エンジンは、画像内容と違う文がａｌｔタグに書かれたとしていても見破れないため、検索エンジンはａｌｔタグを完全に信じているわけではありません。サイトのほかの要素を加味、比較して参考にしています。さらにヤフーでは検索結果のサイト説明文ではａｌｔタグは拾わずに、テキスト文章だけを拾います。ですから、ａｌｔタグに入れたから大丈夫というのではなく、なるべくテキストで表記するようにしましょう。

また、ａｌｔタグ文章が長すぎるのは問題です。マウスを当てた時にあまりに長い文章が表示されるのはユーザビリティを損ねます。ＳＥＯでもマイナスになる可能性もあります。

## ▼キーワードの出現頻度よりも「分散状態」に注意する

本文中のキーワードというと、キーワード出現頻度を思い浮かべる人も多いと思いますが、最近ではあまり重要なことではありません。目安としてのキーワード出現頻度は文章の文字数に対して4〜6パーセントですが、決して絶対的なものではありません。まず、自然に文章を作成した後で、キーワードを多く入れすぎているようなら、代名詞に置き換えるなどして減らします。少ない場合はスパムにはなりませんが、それより多く出たほかの言葉が重視されてしまうので、どんなに少なくても2パーセント以上は入れましょう。このキーワード出現頻度は「キーワード解析」(http://www.keyword-kaiseki.jp/)で調べることができます。

ヤフーで注意するのは、キーワード出現頻度ではなく、分散状態です。キーワード出現頻度があまり高くなくても、キーワードが近接して多用されていると簡単にスパム判定になります。これは近接キーワードの問題ですが、スパム判定は気づきにくい10位以内の下落から圏外に飛ぶような判定までさまざまなので、気をつけなくてはなりません。

スパム判定されやすい近接キーワードは、以下の3種類があります。

・連続した文章のそれぞれにキーワードがおよそ5回以上連続して入る
・ひとつの文章におよそ3回以上繰り返しキーワードが入る
・箇条書きなどで、箇条書きの並びで連続しておよそ4回以上キーワードが入る（ここまで連続していなくても、10程度並んだなかの半分以上で入る場合など）

これらのいずれかに当てはまれば、キーワードの間引き作業を行ってください。

## ▼メニューのスパム判定にも注意する

トップページのメニューに当たる部分も、ヤフーではスパム判定を受けやすい場所です。特にサイドメニューは同一キーワードが連続して並びやすいので、近接キーワードにならないように注意が必要です。どうしてもキーワードを連続して入れたい場合は、メニューボタンを画像にしてあえてクロールさせないこともひとつの手段です。

私が岩盤浴サイトを作成した当初はなかなか上位表示されなかったのですが、メニューを次ページの画面のように変更してから安定して上位表示するようになりました。トップページはほとんど変更していないにも関わらず、すでに2年以上もの間、ヤフーの「岩盤浴」で6位前後をキープしています。

上位表示の理由はもちろんそれだけではありませんが、中長期でペナルティを受けないメニューのつくり方という意味で参考になると思います。

筆者作成の岩盤浴サイト

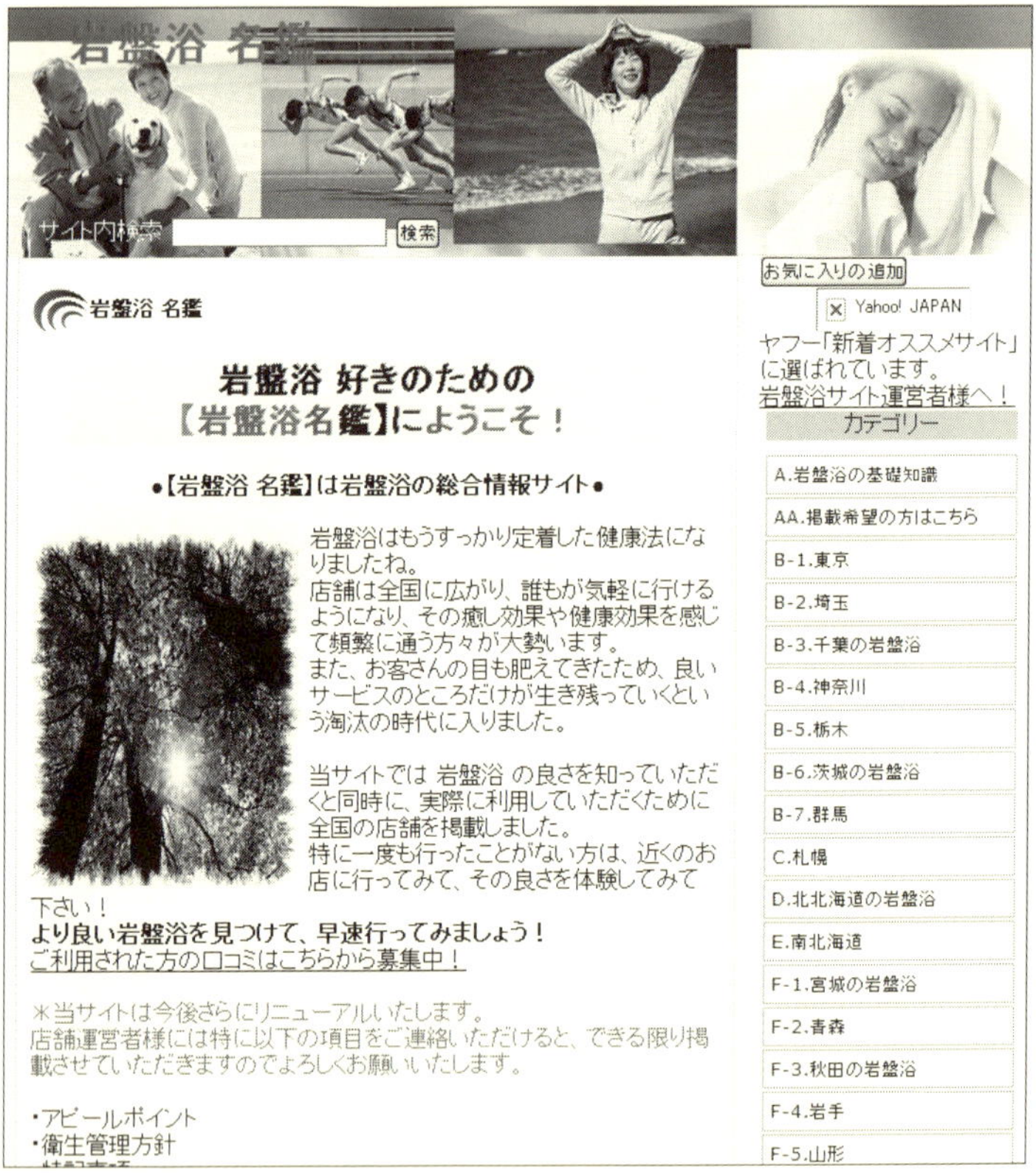
岩盤浴 名鑑
サイト内検索
検索
お気に入りの追加
Yahoo! JAPAN
ヤフー「新着オススメサイト」に選ばれています。
岩盤浴サイト運営者様へ！
カテゴリー
A.岩盤浴の基礎知識
AA.掲載希望の方はこちら
B-1.東京
B-2.埼玉
B-3.千葉の岩盤浴
B-4.神奈川
B-5.栃木
B-6.茨城の岩盤浴
B-7.群馬
C.札幌
D.北北海道の岩盤浴
E.南北海道
F-1.宮城の岩盤浴
F-2.青森
F-3.秋田の岩盤浴
F-4.岩手
F-5.山形
岩盤浴 名鑑
岩盤浴 好きのための
【岩盤浴名鑑】にようこそ！
●【岩盤浴 名鑑】は岩盤浴の総合情報サイト●
岩盤浴はもうすっかり定着した健康法になりましたね。

店舗は全国に広がり、誰もが気軽に行けるようになり、その癒し効果や健康効果を感じて頻繁に通う方々が大勢います。

また、お客さんの目も肥えてきたため、良いサービスのところだけが生き残っていくという淘汰の時代に入りました。

当サイトでは 岩盤浴 の良さを知っていただくと同時に、実際に利用していただくために全国の店舗を掲載しました。

特に一度も行ったことがない方は、近くのお店に行ってみて、その良さを体験してみて下さい！

より良い岩盤浴を見つけて、早速行ってみましょう！

ご利用された方の口コミはこちらから募集中！
※当サイトは今後さらにリニューアルいたします。
店舗運営者様には特に以下の項目をご連絡いただけると、できる限り掲載させていただきますのでよろしくお願いいたします。
・アピールポイント
・衛生管理方針

岩盤浴サイトのメニュー例

| カテゴリー | |
|---|---|
| A．岩盤浴の基礎知識 | I．大阪 |
| AA．掲載希望の方はこちら | J-1．兵庫の岩盤浴 |
| B-1．東京 | J-2．京都 |
| B-2．埼玉 | J-3．滋賀の岩盤浴 |
| B-3．千葉の岩盤浴 | J-4．奈良 |
| B-4．神奈川 | J-5．和歌山 |
| B-5．栃木 | K-1．広島 |
| B-6．茨城の岩盤浴 | K-2．岡山の岩盤浴 |
| B-7．群馬 | K-3．島根 |
| C．札幌 | K-4．鳥取の岩盤浴 |
| D．北北海道の岩盤浴 | K-5．山口 |
| E．南北海道 | L-1．愛媛の岩盤浴 |
| F-1．宮城の岩盤浴 | L-2．香川 |
| F-2．青森 | L-3．徳島 |
| F-3．秋田の岩盤浴 | L-4．高知 |
| F-4．岩手 | M-1．福島の岩盤浴 |
| F-5．山形 | M-2．佐賀 |
| F-6．福島 | M-3．長崎 |
| G-1．愛知の岩盤浴 | M-4．熊本 |
| G-2．山梨 | M-5．大分 |
| G-3．長野の岩盤浴 | M-6．宮崎 |
| G-4．静岡 | M-7．鹿児島 |
| G-5．三重の岩盤浴 | N．沖縄 |
| G-6．岐阜 | O．追加情報 |
| H-1．新潟 | P．リンク集1 |
| H-2．石川 | |
| H-3．福井の岩盤浴 | |

48都道府県のうち15だけ
「岩盤浴を入れた」

このメニューでは、地方名の後の「岩盤浴」が入ったり入らなかったりと不自然な感じは否めません。しかしペナルティを受けやすいタイプのサイト構成でありながら、上位表示しているため、下手に手を加えないようにしています。もし、あなたが一から作成する場合は、メニューを統一感のある画像にして、ａｌｔタグで調節することをおすすめします。

次にインプラントを解説するサイトの例で解説しましょう。オーソドックスに考えれば、次のようなメニューが出てくると思います。

| |
|---|
| インプラントとは |
| 歯の重要性 |
| インプラントの歴史 |
| インプラントのメリット |
| インプラントのデメリット |
| インプラントが有効なケース |
| インプラントがむずかしいケース |
| インプラントの材質と種類 |
| インプラント治療の流れ |
| インプラント医院の選び方、つき合い方 |

インプラント解説サイトのサイドメニュー例

一見してわかるのが「インプラント」が近接して多数出ていることです。このメニューはあくまで一例ですが、次のように改善しましょう。

| |
|---|
| インプラントとは |
| 歯の重要性 |
| インプラントの歴史 |
| メリット |
| デメリット |
| 有効なケース |
| むずかしいケース |
| 材質と種類 |
| 治療の流れ |
| インプラント医院の選び方、つき合い方 |

サイドメニューの改善例

見てわかる通り、「インプラント」という言葉を大胆に削ってスパム要素をなくし、そのうえで一定の頻度で現れるように調整しています。

**▼発リンクは「内部リンクは多く、外部リンクは少なく」**

発リンクとは、サイトページ内に張られた内部または外部（別ドメインサイト）へのリンクのことです。

内部へのリンクはユーザビリティ、つまり使いやすさやわかりやすさを高めるためであれば、多少多くてもかまいません。また、それ自体がSEOとして不利になることはありません。むしろリンクが多いほうが検索エンジンのクローラーを呼び込みやすくなるため、インデックス化が早くなったり、変更や更新が早く反映されたりするようになります。

その一方で、外部リンクが多すぎると上位表示されにくい傾向があります。上位表示するためには極力外部リンクの数を減らすようにしてください。

外部リンクが多いと上位表示されにくい理由は、推測ですが次の要因と考えられます。

・アフィリエイトタグをたくさん張りつけたサイトの順位を落とすため
・外部情報に頼ったサイトでユーザビリティが悪いと判断されるため
・外部リンクが多いサイトは内容が良くないと判断されるため

したがって、役立つ情報として別サイトを紹介する場合でも、そのサイトの内容を自分のサイトで提供できないかを考え、可能であれば自社サイトのコンテンツとして増やすようにしましょう。これは外部リンクを減らすことによるプラス以上に、サイトの質を高めるという意味でも積極的なプラスになります。

自社サイトで提供する場合には、もちろん著作権に注意して、オリジナルの文章と画像を掲載する必要があります。

# 6 重要度が増すサブページのSEO

## ▼サブページのタイトルはトップページと異なるものにする

サブページはトップページを補完するという意味でも、それぞれのページを上位表示させるという意味でもその重要度を増してきています。

特にヤフーではトップページを評価するにあたり、サイト全部のページを判断材料にしているので、決しておろそかにしてはいけません。

特にサブページのタイトルはトップページと同じタイトルではいけません。

トップページと同じ言葉が含まれていてもかまいませんが、そのページの内容に合ったタイトルを入れてください。また、キーワードを入れすぎないように、原則1回にしてください。

先ほどと同じようにインプラントを行っているサイトで「インプラント」で上位表示したい場合は次のようにします。

**■トップページのタイトル例**

「インプラントの○○歯科」

**■サブページの各タイトル例**

「インプラントとは」

「歯の重要性　インプラントの○○歯科」

「インプラントの歴史」

「インプラントのメリット」

「インプラントのデメリット」

「インプラントが有効なケース」

「インプラントがむずかしいケース」

「インプラントの材質と種類」

「インプラント治療の流れ」

「インプラント医院の選び方、つき合い方」

2番目の「歯の重要性」だけ「インプラント」が入っていないため「インプラントの○○歯科」を加えて入れました。ほかのページにはすでに「インプラント」が入っているので、それ以上繰り返さないために、「インプラントの○○歯科」は入れません。

### ▼サブページのメタキーワードは「ページのキーワード」にする

サブページのメタキーワードには、原則として対象ページのキーワードを入れます。

たとえばトップページのキーワードが「インプラント」で、対象となるサブページが「インプラント　費用」だとしたら、そのまま「インプラント　費用」にします。

ただし、あまりにトップページのキーワードが使われないページが多い場合は、トップページと関連性が深いページにだけはトップページのキーワードを入れるようにしましょう。

### ▼サブページのメタディスクリプションは自然な文章にする

サブページのメタディスクリプション（Metadescription）では対象ページの説明をそのまま自然な文章で入れます。上位表示した場合に、この説明文はクリックするかどうかの判断材料になるので、トップページと対象ページの両方のキーワードを入れるようにしましょう。

さらにアピールポイントも忘れずに入れるようにします。

### ▼<h>タグでキーワードを調整する

サブページの<h>タグのキーワードに関してはトップページと同様の扱いです。

つまり本文の周りにキーワードが多ければキーワードを少なめにして、本文で少なめであれば、多く記述するようにします。

通常は、＜ｈ１＞または＜ｈ２＞のどちらかには入れるべきです。トップページキーワードに関しては入れすぎに注意します。これもページ全体にどれぐらいキーワードが入っているかによりますが、＜ｈ１＞に1回入れれば、ほかはほとんどいらないという感覚でかまいません。

### ▼サブページのキーワードの出現頻度と近接キーワード

サブページを作成するうえで特に気をつけなくてはならないのは、キーワードの出現頻度と近接キーワード、さらにコピーページにならないようにすることです。

サブページのキーワードの出現頻度はトップページの出現頻度より低くします。これは「サブページのキーワードはサブページの主な内容のはず」という検索エンジンの考え方からくるようです。ただし、サブページはトップページのキーワードと何らかの関連したコンテンツであることが理想なので、トップページキーワードがなさすぎるのもいけません。およその目安としては2～4パーセントといったところです。

またこのような観点から、近接キーワードに関しても注意が必要です。トップページキーワードとサブページキーワードともに近接キーワードにならないようにしましょう。

## ▼サブページもオリジナルの文章を豊富にする

コピーページはヤフーの2009年9月の更新で、より明確になったスパム要因です。盲点になりやすいので特に注意を払ってください。

コピーページは、ページ全体がまったく同一のページというだけでなく、ページの一部であっても多くのページで共通して使用されている場合には問題になります。

非常に多いのが、特定商取引法や購入ガイドなどが商品案内の下に共通して配置されているケースや、相互リンクの説明文をすべての相互リンクページに張りつけてあるケースなどです。たとえページの3分の1ほどであっても、ページ数が多いとスパム要因になるため、このような共通した情報や説明文は別ページをつくり、そこへのリンクで対応するべきです。

サブページもトップページと同じくやはり文章量は多いほうが有利なため、別ページのコピーではなく、あくまでページ特有のコンテンツを文章で構成します。

「ａｌｔタグ」「メニュー」「発リンク」についてもトップページでの解説と同様ですが、前述のようにトップページとキーワードが混在する場合もあるので、その点は注意が必要です。

# 7 さらにサイトの魅力をアップする

### ▼「活きたサイト」にする

ある程度、時間に余裕のある場合は、次のようなコンテンツもぜひ検討してみてください。

・「新着情報」（今日のお得情報、おすすめ商品、関連情報）
・「関連ニュース」（自分で探したもの、ＲＳＳで自動化されたものなど）
・「今日の一言」

これらはまさに「活きているサイト」だと一目でわかり、サービスの高さへの期待が高まり、すぐに「戻る」ボタンを押される可能性は低くなるでしょう。魅力ある役立つサイトとしてリンクを張られたり、お気に入り登録をされやすくなったりします。

**▼ユニークなコンテンツ例**

より魅力的なサイトにするためにぜひ考えたいのが、そのサイトならではのユニークなコンテンツです。

前述した新着情報や関連ニュースなどは、ある意味やろうと思えばすぐにでもできるので、ライバルが同じことをやり出したら差別化はむずかしくなります。

しかし、独自性が高くユニークなコンテンツというのはなかなかマネできませんし、マネをしたとしても先行したサイトにはかなわないものですから、独自の切り口を考えましょう。

その際は、お客様の目線に立つことが重要です。次に例を挙げてみます。

・オリジナルのアクセスカウンターや写真素材などの無料配布
・役立つ情報のダウンロード
・動画の活用
・別の関連サイトのなかでのお気に入りランキング
・別の関連サイトと自社サイトとの比較
・いままでにない用途の提案
・自分自身の体験談を充実させる

・写真、漫画、イラストの多用
・誰もやらなかった実験を行って結果をアップする
・商品を上、下、横から見た。分解した。顕微鏡で見た
・アンケート調査
・買いたい商品の名前を忘れた人に、その商品をみつける方法を伝授する

### ▼コンテンツ成功例①「サプリメント総合サイト」

これから私のサイトで過去に成功した例を紹介します。

あくまで過去の話ですから、そのままマネしてもいけませんが、考え方や実行方法のヒントになると思います。

私が関わる以前のサプリメント総合サイトは、どれも各サプリメントの効果効能を挙げてあるだけでした。これに対して私は体の症状ごとに見合うサプリメントを掲載しました。たとえば「頭が痛い時」「疲労が抜けない時」などという項目を設け、その症状に合いそうなサプリメントを掲載したのです。

そのサイトの利用者目線に立った点が評価されたのでしょう。作成して1か月たたないそのサイトは、ヤフーカテゴリーに無料登録されたばかりか、ヤフーの「オススメサイト」にも選

ばれました。当時、ヤフーカテゴリー無料登録は1日に10～20のサイトが選ばれていましたが、ヤフーのオススメサイトは1週間に数件程度しか選ばれない貴重なものでした。そのおかげで、掲載1週間で急激にアクセスが増え、それまで1日1500PV程度が連日2万PVを記録しました（PVは「ページビュー」や「トータルアクセス数」といい、閲覧された総ページ数）。

### ▼コンテンツ成功例②　「岩盤浴総合サイト」

私が岩盤浴のサイトを作成しようとした時には、すでに総合サイトが存在していました。しかし、それら既存の総合サイトは、店舗名を羅列しただけの使い勝手の悪いものばかりでした。そこで、店舗を都道府県別にページ分けして表記し、さらにコンテンツが充実したサイトにするために、データが不足している店舗には直接電話をかけて詳細の取材も行い、店舗情報の詳細を盛り込みました。その結果、これもサイト公開後1か月でヤフーカテゴリー無料登録とヤフー新着オススメサイトを同時に実現できました。

このように、特に情報サイトでは、自分で電話やメールで情報収集するくらいの実行力は必要です。そのような手間のかかることを誰もやらないからこそ、差別化につながります。

### ▼コンテンツ成功例③　「ダイエットサイト」

以前のダイエットサイトというと、特定のダイエットの紹介しか行っていないものばかりでした。いわば売り込みのためのサイトしかなく、中立的な情報サイトがなかったのです。

そこで私はさまざまなダイエット関連本を買って研究し、それらを参考に約30種類のダイエット方法をジャンル別に分けて掲載しました。さらにそれぞれのダイエット方法はどういうタイプの人に適しているのかを掲載したり、食品のカロリー表、消費カロリー表などを入れたりして役立つ情報を充実させました。

まだ幼稚なデザインであったにもかかわらず、サイト作成直後から、多くのアクセスを生む人気サイトになり、「ダイエットカロリー」や「ダイエットカロリーコントロール」でヤフー、グーグルとも1位になり、ヤフーカテゴリーの無料登録もされました。

# 8 最速のボリュームアップ対策

## ▼サイトの内容と同等にコンテンツの量も問われる

サイトとして、またページとしてでも、コンテンツの充実したサイトが高い評価を得られます。サイトを見る側の立場で考えれば、これは十分に納得できることだと思います。

ユーザーは、一番役に立つ情報が豊富に含まれているページを「お気に入り」に入れたり、自分のブログやサイトにリンクしたりします。このように自然にリンクを張られるためには、豊富で質の高い情報やユニークな情報が必要です。

そして欲をいえば、図や表、写真なども使用してさらに理解しやすいサイトにすれば、検索エンジンには読み込まれなくても、訪問者が評価して自然なリンクにつながります。

肝心の文章について、どのような内容をどのような表現で書けばいいのか、役立つ情報や魅力的な情報をなるべくたくさん書く方法を紹介しましょう。

### ▼「運営者の思い」はぜひ入れる

トップページに何を書けばいいかわからないという人が多くいます。しかし、実は考えをよく巡らせば非常に多くのネタが出てくるものです。まずは、運営者のサイト開設や運営にかける思いを書きます。次に例を挙げます。

> 当サイトにお越しくださいましてありがとうございます!
> 運営者の○○です。
>
> 私は長年の○○○○好きが高じてこのような○○○○の販売サイトを運営することになりました。大好きなことが仕事にできて本当にうれしく思っています。
>
> 当サイトでわからないことがありましたら、どんなことでも結構です。質問フォームよりご質問くださいませ。基本的に12時間以内には心を込めてお応えいたします!
> あなたと、この機会が○○○○を通じたすてきな出会いとなることを願っております。

あるいは次のようなものでもいいでしょう。

> ご訪問、大変うれしく思います。
> 弊社は常にお客様目線で○○○○のサービスを提供することを心がけております。
> 「かゆい所に手が届く存在」になるのはもちろん「かゆくなる前にそうならないようにする存在」でありたいと思っております。
> 当サイトはまだまだ説明不足な面、至らない面もあるとは思いますが、○○○○サービスに関してはどこにも負けないものを目指しておりますので、何卒よろしくお願いいたします。

これらはほんの一例ですが、このような文章を載せることによって、次のメリットがあります。

・運営者自身の言葉で書かれており安心感を生む
・閲覧者が運営者の高い意識を感じて共鳴できる

・関連文章が増えることによってSEOとしてプラスとなる
・キーワードが適度に入ることによってSEOとしてプラスとなる

### ▼商品やサービスの内容を充実させる

商品やサービス内容をトップページではなく、サブページに掲載したい場合も多いでしょう。そういう場合でも、トップページにおすすめ商品やおすすめサービスの掲載はできますし、特に人気ランキングなどは大変効果的です。

その際、おすすめの理由の説明文を入れるとか、ランキング動向や今後の予想、感想を書くのもいいでしょう。そして「詳細はこちら」とサブページにリンクを張ります。トップページでは商品やサービスの概要を表示し、サブページで詳細な説明をする方法もあります。

### ▼サイトや会社のポリシーを表記する

会社のモットーやポリシーをしっかりと書くのもいいでしょう。このポリシーに閲覧者の心に訴えるものがあれば確実に成約率が上がります。きちんとした表現と内容があるのなら、会社概要のついでのように入れるのはもったいないです。

**▼欠かすことができないウンチク**

なんといっても可能性が無限にあり、サイト提供者の腕が試されるのがウンチクです。最良なのはウンチクを語りながら、次のように自社製品をアピールすることです。

> 世の中の○○はほとんど××です。
> だから、品質は低く、すぐに劣化してしまいます。
> 劣化すると□□なデメリットがあり非常に危険で、欧米では△△なぐらいです。
> しかし弊社の○○はそれらとはまったく違います。
> こだわりの材料、こだわりの製法、そして厳しい品質チェックを行っておりますので、お子様からお年寄りまで安心して使用していただけます。
> 詳細はぜひコチラのページをご覧ください!

> ○○の歴史は紀元前に遡ります。
> 紀元前××年に、当時のローマ皇帝が採用したことが始まりといわれております。
> 当時○○はまだ△△と呼ばれ、形も品質も現在とは大きく違ったものでした。それが16世紀半ばぐらいに現在の形になったといわれています。
> ただし当時は現在のような使われ方はされておらず、もっぱら□□として使用されていたといいます。
> ですから、○○が現在のような使われ方をしていることを昔の人が知ったら、大変驚くのではないでしょうか。

### ▼利用者の目線にも気をつける

ＳＥＯの観点からすれば、これらの例の文章量はまだ少ない方です。もっと多くの文章を載せることをおすすめしますが、ＳＥＯに適しているからといって閲覧者にはくどくなったり、使い勝手が悪くなったりしないよう注意してください。

雑学的な文章やウンチクは、サイトの下部に配置して「読みたい人は読んでください」という形にするか、一部だけ表示させて残りは「続く」でリンクさせるほうがいいでしょう。

また、訪問者の立場を考えれば、「特定商取引法の記載」「プライバシーポリシー」「会社概要」「Ｑ＆Ａ」などのコンテンツをすべてトップページに置くのは得策ではありません。

### ▼グーグルアラートで効率よく情報を入手する

役立つ情報、役立たなくてもおもしろい情報は多ければ多いほどいいのですが、それでもおのずと限界があります。商品やサービスによってはどうしても掲載できる内容が少なかったり、思い浮かばなかったりする場合もあります。

そこで関連情報の収集に、「グーグルアラート」（http://www.google.co.jp/alerts/）の利用をおすすめします。グーグルアラートは、希望キーワードの関連ニュースがメール配信される無料サービスです。サイトのネタとしても、ビジネスを広げるきっかけとしても使えます。簡単な登録で最新の情報が得られるので、ぜひとも登録してください。

グーグルアラートの検索キーワードには、集めたい情報のキーワードを入れます。キーワードのタイプにはニュース、ブログ、ウェブ、総合と選べますが、なるべく多くの情報を得るためには、「総合」を選びましょう。頻度も選べますが、それらは任意に選んでください。

### ▼著作権フリーの格安文章サービスを利用する

書籍やほかのサイトを参考にするにしても、著作権を考えるとどこまでそれを参考にすればわからない面もあります。そこで、著作権フリーの文章を毎月数千円で入手することを検討してください。アフィリエイターを中心に利用者の多いサービスには「リッチコンテンツ提供サービス」と「プロ記事」があり、どちらもコストパフォーマンスの良いサービスです。

どちらのサービスもテーマのリクエストにある程度応じてくれるので、もし利用する場合は、利用開始とともにリクエストを入れておくといいでしょう。

特定の商品やサービスしか扱っていない会社では、このような記事サービスはムダが多く役に立たないと思われるかもしれません。しかし、完全に同じテーマではなくても、多少なりとも関連した文章を保有しておくのは大切です。なぜなら、それがあなたの知識の幅を広げることになり、ひいては次章でも紹介する衛星サイトの作成にも役立つからです。

利用上の注意としては、著作権の問題がクリアされていても、文章をそのままコピー&ペーストで使用しないことです。同様の文章が別サイトにもたくさんありますし、サイトのコンテンツとも違和感が出てしまいます。あくまで題材を参考にした利用が理想です。

「リッチコンテンツ提供サービス」（http://www.richcontentsteikyo.com/）では、１日１テーマ、６００文字前後の記事が30ほど提供されます。ジャンルは多岐にわたり、「エンターテイメント、趣味とスポーツ、健康と医学、生活と文化、ビジネスと経済、芸術と人文、教育、政治」などに分かれています。

「プロ記事」（http://www.hybrid-affili.com/prokiji/itb/）では、毎日10テーマについて記事が提供されます。ジャンルは「ダイエット・美容、健康・病気、投資・マネー、保険・ローン・カード、生活・趣味、ファッション、ビジネス・アルバイト・転職、出会い・結婚、アイドル・有名人・芸能人、リクエスト」などがあり、ややニッチなキーワードも扱われています。１記事当たり１０００文字と長めの文章で、キーワードを多く用いているため、任意に削って文章を作成すれば、同じような文章の氾濫を防げます。

### ▼SEOは先を読むゲーム

この章ではＳＥＯの前段階の準備から内部要素の適正化までを解説しました。最後にあらためて確認してほしいのは、小手先のテクニックに頼らないということです。

前述したように、過度のＳＥＯを行っていると思われるサイトには、グーグル、ヤフーとも一定のペナルティを与えています。これは小手先のテクニックによる上位表示によって検索の品質が落とされてしまうことへの対抗策と思われます。

ある手法でＳＥＯの効果があるとわかったら、その手法ばかりを徹底的に行う人がいます。しかし、効果がある手法はすぐに広まり、みんなが同じことをやりはじめます。すると、相対的に効果が落ちるだけでなく、検索エンジン側の対策で効果がゼロになるおそれもあります。

そもそも、検索エンジンの評価基準は２００以上あるといわれ、そのうちの一部分だけの努力では効果はないですし、やりすぎはスパム判定の標的になります。一方で、内部要素だけではなく、次章で紹介する外部要素の施策も含め、バランスを重視したＳＥＯを心がければアルゴリズムの変動に強いＳＥＯになります。

「いま効果のある手法が将来も通用するだろうか？」「いま効果がなくても将来効果が出るのではないか？」などと常に考え行動しましょう。ＳＥＯは先を読むゲームでもあるのです。

第3章

# 最速SEOを実現する被リンク収集法（外部要素編）

# 1 被リンクこそ成功のカギ

## ▼被リンクのメリット

これまで説明した「内部要素」は、検索エンジンに対していわば自己アピールの場です。これに対し、「外部要素」は外部のサイトからの評価の場になります。

検索エンジンは、良質な外部サイトから数多くリンクを受けたサイトを高く評価し、リンクを受けていないサイトは評価しません。外部からのリンクはサイトへの人気投票だと考えればわかりやすいでしょう。ただし最近は、被リンクの単純な数だけよりもリンクの質が重視される傾向にあります。

たったひとつのリンクでも、検索エンジンが良質なサイトと認めたサイトからリンクをもらえば大きな効果を生み、逆に検索エンジンが認めていないサイトからいくらリンクをもらっても効果がない場合もあります。人気投票といっても一票一票が平等ではないということです。

被リンクにはSEO上のメリットはもちろん、さらにリンクをたどってアクセスする人も増えるメリットがあります。特に関連のある人気サイトからリンクされた場合には、属性の合うより多くの人に見てもらうチャンスです。したがって、いかに質の高い関連サイトにリンクをしてもらうかが一番大切なポイントになります。

## ▼被リンクこそ成功のカギ

内部対策は自分一人でできるので、大きな差はつきにくく、現在のＳＥＯでは外部対策に力を入れなければ成功はありえません。被リンクの収集方法にはさまざまですが、最もスマートな方法は前の章で紹介したような、役立つ魅力的なサイトを作成して自然なリンクを集めることです。検索エンジンにも利用者にも喜ばれ、お金をかける必要もありません。しかし、それだけでは良質なリンクはなかなか集まらないのも事実です。

したがって、最速のＳＥＯを実現するためには、良質なコンテンツを用意するのに加えて、被リンクを意識的に集めることも必要となってきます。これから本章で紹介する被リンクを集める方法はどれも効果的なものなので、できるだけすべてを実行してほしいと思います。すべてを実行するのは無理でも、自分でできるものはなるべく多く実行してください。

これから紹介するノウハウは私が実践して、費用や労力に対する効果が高いことをすべて確認しています。一定の手間はかかりますが、あなたのライバルよりはるかに効率的に取り組めますので、自信を持って積極的に行ってください。

# 2 インデックス化を積極的に早める

## ▼インデックス化の時間を短縮する

サイト公開後から検索エンジンに認識されるまでは、かなりの時間がかかります。

もしどこからも被リンクを受けずにグーグルやヤフーに登録申請をしただけだと、インデックス化されて結果表示までにグーグルで2～3週間、ヤフーで1～2か月はかかります。ヤフーではインデックス化の期間が以前よりもむしろ長くなる傾向にあります。

通常のインデックスでこれだけ時間がかかるということは、もしインデックス期間の短縮に成功すれば、ライバルがようやくインデックス化される頃にはあなたのサイトが10位以内に入って上位表示される可能性もあるわけです。

## ▼インデックス化の早め方

サイトの大部分が完成しているのであれば、完成前にインデックス化されるのが理想です。

申請からインデックス化までどんなに早くても数日はかかるので、もし数日でサイトがほぼ完成するのであれば、URLの取得時点でサイトの登録申請をしてください。
申請方法は簡単です。次の各検索エンジンの登録申請ページから、あなたのサイトのURLと提示された暗号を入力して送信するだけです。

「ヤフー」登録ページ（ログイン後にアクセス）　http://submit.search.yahoo.co.jp/
「グーグル」登録ページ　http://www.google.co.jp/addurl/
「ビング（Bing）」登録ページ　http://www.bing.com/docs/submit.aspx

ただし、インデックス化の大幅な期間短縮には、やはり良質な被リンクが必要です。もし自社サイトがほかにもあれば、そのサイトからもリンクを張ってください。一度インデックス化されてしまえば検索エンジンからは削除されないので、そのリンクを削除してもかまいません。

被リンクはおよそ20件は最低必要ですが、この量になると自社サイトからのリンクでは足りなくなり、またそもそも自社サイトがない人もいるでしょう。そこで、次からはグーグルで早ければ3日、ヤフーでは7日程度でインデックス化される方法を紹介します。これはサイト公開時の大切なポイントで、もちろん上位表示にも有効です。

# 3 無料登録サイトへの登録ノウハウ

## ▼無料登録サイトへの登録は必ず行う

より多くの被リンクを獲得するために、「登録サイト」を利用しましょう。

登録サイトとは、登録申請を出して許可されたら登録サイト上のどこかのページに自分のサイトをリンクしてもらえるサイトのことです。登録にあたり、ほとんど審査がないものもありますし、審査の厳しいサイトもあります。

登録サイトには無料登録と有料登録のサイトがあります。有料登録を行うかどうかはケースバイケースですが、無料登録は基本的に行うべきです。

## ▼ヤフーブックマークに登録する

「ヤフーブックマーク」(http://bookmarks.yahoo.co.jp/) は、お気に入りのウェブページをヤフーの専用管理画面に登録し、ツールバーやヤフーからいつでも閲覧できるサービスです。

ヤフーでは最近、このヤフーブックマークからのリンクを高く評価する傾向にあります。

登録はあらかじめヤフーで無料ＩＤを取得しておき、そのＩＤでログインしたら「ヤフーブックマーク」にアクセスし、画面上部の「Ｍｙブックマーク」タブをクリックし、初期設定を行います。自分用のブックマークＵＲＬの作成画面でＵＲＬの末尾の文字入力をすれば、ブックマークの準備は完了です。

準備ができたら、「新規登録」をクリックして所定の内容を入力すればブックマーク登録できます。あなたが被リンクを集めたいサイトのブックマークを真っ先に行ってください。公開設定では「みんなに公開」を選び、「タグ」は上位表示したいキーワードを入れます。

### ▼全日本SEO協会のサイトに登録する

「全日本ＳＥＯ協会登録サイト」（http://www.web-planners.net/kensaku-engine-01.html）に登録されたサイトは約２０００もあり、その数は現在でも増え続けています。すべてのサイトがきっちりとカテゴリ分けされているうえ、多くのサイトが平均２年以上と長年運営されています。サーバーのＩＰ数は約20もあります。

登録の効果はサイトやページによってもさまざまですが、被リンク元としてすぐに認識されやすい優良サイトが多いです。この登録サイトはトップページだけではなく、サブページの登録も行えるので、上位表示させたいサブページにも利用できます。

### ▼YOMI-SEARCHなどの中小の検索サイトに登録する

無料登録サイトとして最も多く利用されているのが「YOMI-SEARCH」といわれる中小の検索サイトです。

これらの検索サイトの探し方は、まずグーグルやヤフーで「YOMI-SEARCH」や「YOMI-SEARCH 無料登録」と検索をします。するとさまざまな検索サイトがたくさん出てきます。上位表示された検索サイトはグーグルやヤフーからも高い評価を得ている証なので、ここで表示されたサイトに登録します。

これらの検索サイトのほとんどは無審査で登録できるため便利ですが、被リンク効果がないものも多々あるため、効果が高そうなものを「カテゴリ分けされている」「古くから運営されている」「カテゴリに合った登録サイトがきちんと並んでいる」「被リンク数が多い」といったポイントに注意して選びましょう。特にカテゴリ分けは必須です。

また、古くから運営されている検索エンジンのほうが効果は高いため、「YOMI-SEARCH 2000」や「YOMI-SEARCH Copyright 2001」などと年代を入れてみるとより古くから運営している登録サイトをみつけられます。

関連サイトや関連ページからのリンクを得るためには「YOMI-SEARCH　美容」や「YOMI-SEARCH　英会話」などと業種やキーワードを入れて検索するといいでしょう。

各検索サイトのリンク効果を調べたい場合には、たとえばヤフーの検索窓に「link:http://yomi.pekori.to/」と「link:」をＵＲＬの頭に入れて検索します。こうするとYOMI-SEARCHの本体（http://yomi.pekori.to/）にリンクを張ったYOMI-SEARCHサイトを検索できます。これはYOMI-SEARCHの検索エンジン（ロボット）を利用している検索サイトが必ずエンジン本体のサイトにリンクしているためです。ここで上位に表示されればそのページからのリンク効果が高いことになります。

時間をかけられない人は、有料ですが登録代行会社に依頼する方法もあります。登録代行会社には「検索エンジン登録代行社」（http://access.hp-entry.com/）や「検索エンジン登録代行.COM」（http://www.seo-aide.com/）などがあります。優良なサービスを提供する会社は常に効果的なサイトを探してピックアップしており、サーバーＩＰの分散も行っているため、非常に効率的です。

# 4 効果的な相互リンクの構築方法

## ▼効果が高い「相互リンク」

「相互リンク」は手間がかかるものの、効率よく行えば高い効果が期待できるのでぜひ行いましょう。

この相互リンクとは、サイト運営者同士がお互いのサイトにリンクを張り合うことです。通常は「リンク集」のページを作成して、そのページにリンクを張ることが多いですが、なかにはトップページに張る場合もあります。

あなたのサイトへのリンクを相手サイトのトップページに張ってもらえれば被リンク効果が高いためラッキーです。しかし、逆にあなたのサイトのトップページに外部リンクを多く張った場合、SEOとしてはマイナスになるのであまりよくありません。もし、自分のサイトのトップページに外部リンクを張る場合には、相手にもトップページにリンクを張ってもらうようにしましょう。

ブログの場合では、リンク集のページをわざわざ作成せずに、サイドメニューにリンクを張る場合が多くなります。サイドメニューのリンクは、トップページを含めた全ページにリンクを張ることになるので、意外と効果が高い場合が多いです。

## ▼相互リンクの方法は2つ

こうした相互リンクの方法には、サイト上で相互リンクを募集する方法と、相手を探して直接リンクを依頼する方法があります。

サイト募集では告知をしておくだけなので最小限の労力で済みます。相手から相互リンクの依頼が来ればそれに答える形でリンクするだけです。ただし、あまり依頼が来ない場合や、相手サイトが作成したてだとリンク効果が低い場合も多いのがデメリットです。

相互リンクの相手を探して直接依頼する方法は、相手を選んで行えばリンクの質が高くなる一方で手間はかかります。

相互リンクでは、依頼したい相手のサイトを自分のサイトにリンクしておいてから相互リンク依頼を行うのがエチケットなので、相手に応じてもらえない場合には削除の手間もかかります。手当たり次第に行うにはあまりに効率が悪いので、サイト上で募集している相手を優先しましょう。

### ▼自分のサイトで相互リンクを募集する

ぜひあなたのサイト上で相互リンクを募集してください。

一度掲載しておけば、そのうち相手からリンク依頼のメールが来ます。相手のサイト内容やリンクしてもらったページを確認して、気に入れば受ければいいし、気に入らなければお断りをします。

当サイトでは相互リンクを募集しています。
特に関連しているサイトからは大歓迎ですが、関連していなくても遠慮なくお申し込みください。
ご希望の方は次のソースとサイト説明文（説明文は省略、改変していただいてかまいません）をお張りいただいてからお申し込みください。
お申し込みの際はリンクしていただいたページをご連絡ください。

<a href=" http://www.saisokuseo.com" target=" _blank" >SEO</a>
検索エンジンで最速で上位表示する方法を解説しています。

お申し込み先はこちら

積極的に相互リンクを集めている人であれば今後有力なサイトになるかもしれませんので、相手がよほど粗悪なサイトでないかぎりは受けておくのが得策です。

上記は募集ページの一例です。このような例を参考にして、オリジナルの相互リンク募集ページをつくってみましょう。

相互リンクの募集では、相手になるべく手間をかけさせないようにするのがコツです。逆の立場になればわかりますが、「相互リンクを受けてもいい」と思っても、手間がかかると思うと二の足を踏むものです。ですから、サイトのURLだけでなく、この例のようにHTMLソースを示して、説明文とともにコピー＆ペーストができるようにします。

申し込み先もメールアドレスだけでは不親切です。メールの件名や内容を書かずに済むように「お申し込みフォーム」で申し込めるようにしましょう。お申し込みフォームは「FC２メールフォーム」（http://form.fc2.com/）や「メールフォーム」（http://formmail.jp/）など無料で使えるサービスもあります。

ここでのポイントは、上位表示を狙うキーワードを「リンクテキスト」として指定することです。リンクテキストは、リンク時に使う文字列のことで「アンカーテキスト」ともいい、一般的にその部分の色が変わったり、下線が入ったりします。

## ▼自分から相互リンクを申し込むなら、ライバルサイトから

相互リンクを申し込む場合、ただ漠然と依頼しても、受けてくれる確率は低いうえに、大量に生成されたリンク集ページに張られても効果がない場合が多いので、厳選して申し込む必要があります。ここからは効果的なリンク依頼の方法を紹介します。

まず、自分が上位表示を狙っているジャンルやキーワードで、実際に上位表示しているサイトをすべて見て、相互リンクを募集しているサイトを探して依頼します。

この際、「ライバルサイトは相互リンクしてくれないだろう」と心配することはありません。むしろ、そのように思う人が多いために、関連サイトからのリンクが得られず困っている人のほうが多いものです。

関連のないサイトに依頼するより、関連サイトに依頼するほうが受けてくれる可能性は高いものです。ＳＥＯの意識が高い相手であれば、自分のサイトにプラスであれば快諾してくれるほうが多いでしょう。

## ▼相互リンク相手先の探し方

「相互リンク」や「相互リンク募集」といったキーワードで検索すると、数多くの募集サイトや仲介サイトが出てきます。そこで、古くからまじめに運営しているサイトや、同業種のサイトをピックアップして依頼するのもいいでしょう。

ただし、登録しただけであとは何もせずに数多くリンクが集まるかのような宣伝文句が出ているサービスがありますが、避けておいたほうがいいでしょう。そのようなサービスの場合では、せっかくつくったサイトに粗悪なリンクが数多く張られてしまう危険性があります。こうなると効果がないどころか、スパム判定を受けて取り返しがつかないマイナスのダメージを受ける可能性があります。

相互リンクは、あくまで相手先のサイトを選べるもので行うべきです。また、さきに紹介した全日本ＳＥＯ協会の保有サイトでも相互リンクを受けつけているので、関連サイトを選んで相互リンクの申し込みをぜひ行ってください。

### ▼ブロガーに相互リンクを依頼する

ブロガーに依頼メールを送るのも有効な方法です。依頼時に重要なのは、相手のブログを読んで簡単でもその感想を書き、さらに相互リンクでお互いのメリットを説明することです。

相互リンクの相手は、あなたのサイトのテーマに関連したブログがベストです。一般の商業サイトでは普段から相互リンクを行っているサイトでないと望みは薄いですが、ブロガーに依頼すると、快くサイドメニューにリンクしてもらえることがあります。まじめに運営している人ほどブログを盛り上げようとしているので、関連サイトをリンクしたり互いにプラスになることを積極的に行ったりしようとします。

前述のように、ブログのサイドメニューにリンクを張ってもらえるほとんどの場合、そのブログの全ページからのリンクで、なおかつ最も効果の高いトップページからのリンクにもなります。

このメールで直接リンクを依頼する場合、サイトはあなたのメインとする商業サイトよりも、衛星サイトとして作成するブログのほうがいいでしょう。この衛星サイトは関連記事を掲載してメインサイトを補完する役割を持つサイトのことですが、詳しくは本章の後半で説明します。

## ▼ヤフーカテゴリー登録サイトへの依頼はしない

よく、ヤフーカテゴリーサイトと相互リンクをすれば効果があるので、そのサイトを狙って相互リンクをお願いしましょう、などといわれます。しかし私はおすすめしません。

まず、ヤフーカテゴリー登録サイト運営者の立場からいうと、すでにSEOに強いためわざわざ相互リンクをする意欲はあまり高くありません。ですから、相互リンクしたいと思うサイトは自分のサイトと釣り合いのとれたリンク効果が高そうなサイトだけです。

それにも関らず、質の低いサイトからの相互リンク依頼が非常に多く来ます。最も多いのがつくりたてのアフィリエイトサイトで、メリットを感じないサイトからの依頼があまりに多く、依頼メールが来てもほとんど見る気にもなりません。

多くの人がすすめているから、実行する人が多いのかもしれません。「相互リンクを受けてもらいやすくする依頼定型文」なども広く出まわっており、それを利用すると余計「またか」

ということで望みは薄くなります。仮に運よく相互リンクを承諾してくれても、たくさん作成されているリンク集ページに張られるだけだろうと思います。

費用対効果あるいは労力対効果が著しく低い作業に注力してしまうと、気力が萎えます。限られた資源、限られた労力のなかでいかに効果的な仕事をするかということも最速のSEOを目指すうえでは重要な視点です。

## ▼トラックバックの有効な使い方

「トラックバック」はブログ特有の機能で、自分のサイトで相手サイトのブログを紹介したことを相手サイトに自動通知する機能です。

このトラックバックを行うと、相手サイトに自分のサイトの一部が表示されて結果的に相互リンクとなるため、この機能をうまく活用すると大変効果的です。ただし、相手サイトがトラックバックの拒否設定をしている場合もあれば、トラックバックした後で削除される場合もあります。

トラックバックでは、まず前提として、役に立つサイトか興味を持たせるおもしろいサイトを作成します。ただの日記やつぶやきサイトではなく、リンクされて歓迎されるようなサイトです。そしてそのようなサイトに関連したブログに対してトラックバックします。

トラックバックを受け取った人は、関連したサイトであればどんなサイトかを必ず見るはずです。そこで気に入らなければ削除されますし、気に入ってもらえればそのリンクを残してもらえます。

トラックバックの効率化が可能な専用のソフトウェアがあります。「ミスター・トラックバック」(http://mrtb.puremis.net/)というソフトで、このソフトを使うとキーワードから相手サイトを探してきてくれ、トラックバックを簡単に打てるようになります。コストパフォーマンスを考えるとかなりお得です。

トラックバックを依頼する際には相手のサイトにマッチしていなければなりません。これがつまらないサイトや押し売りのようなサイトだったら削除される可能性が高いですし、最悪はクレームが来ることでしょう。

しかし、一般的なブログの運営者の立場では、通常はめったにトラックバックやコメントは来ず、たまに来てもアダルトや出会い系の宣伝というのが典型的なパターンです。「あっ、珍しくトラックバック(コメント)が入った!」と思って喜んでよくみると、いまわしいアダルトサイトの文言が書かれていることが多いものです。

だからこそ、多少宣伝めいていてもまじめに運営されているサイトからの依頼はうれしいものですし、それがブログのにぎわいにもなります。したがって、クレームを過度に恐れすぎるあまりチャンスを逃さないようにしてください。

このようにトラックバックは相手の手間が省けるため、一般の相互リンクと比べるとはるかに成功率が高くなります。

# 5 リンクの効果的な張り方

## ▼リンクテキストの上手な入れ方

せっかく被リンクを集めても、リンクの方法が悪いと効果はありません。ＳＥＯはあくまでキーワードごとに上位表示させるものなので、被リンクをたくさん集めてサイトの価値を高めても、それだけでは意味がありません。リンクで大切なのがリンクテキストの扱い方です。

リンクテキストはＳＥＯの効果も期待でき、リンク先がどのようなサイトとして紹介されているかを示します。一般的にはバナーを使ったほうが見た目はいいのですが、リンクをしてもらえる場合にはバナーではなく、上位表示させたいキーワードのテキストでリンクをしてもらいましょう。

テキストでリンクされる場合、ＳＥＯとして最悪なのは「こちら」とか「このサイト」など、まったくキーワードも会社名も入っていないリンクです。これではどのキーワードでも上位表示はむずかしくなります。

次に良くないのが、会社名でリンクされる場合です。ＳＥＯをよく知らない相手にリンクをまかせると、こうなる場合が多くなります。もちろん会社名では上位表示しやすくなりますが、営業上のプラスにはならないでしょう。

## ▼リンクテキストはキーワードをそのまま使う

リンクテキストは、上位表示したいキーワードをそのまま使うのが基本です。

たとえば大阪の税理士事務所だとすると、「税理士　大阪」や「大阪　税理士」で上位表示を狙う場合が多いですが、その場合はもちろんリンクテキストもそれぞれ「税理士　大阪」または「大阪　税理士」とします。これらはキーワードの順番が違うだけですが、どちらの順番で上位表示を狙うか決めて、その通りの順番をリンクテキストにします。

なかなかひとつのキーワードに決めきれない場合もありますが、この例のように順番が違うだけのキーワードの場合は共通の単語を用いるので、順番が違うリンクテキストであっても一定の効果は期待できます。

また、両キーワードとも上位表示ができそうな場合は、両方のリンクテキストを使ってもいいでしょう。

さらに「大阪　税理士」を狙う場合は、「大阪の税理士」というキーワードも非常に似ているので、この場合も2つのリンクテキストを使用してもかまいません。

## ▼リンクが増えたらリンクテキストを分散する

被リンクをより多く集めたい場合、リンクテキストをある程度分散させる必要もあります。

ＳＥＯの初期段階では、あくまでひとつのキーワードでリンクテキストを使用するのが基本です。しかし、ある程度のリンク数が集まった場合にはすべて同じリンクテキストのままでは問題になる可能性もあります。

これまで述べたように、最近の検索エンジンは過剰なＳＥＯを排除しようとしています。一方で、リンクを一生懸命に集めようとすればするほど、同じリンクテキストでのリンクが増えてきます。また、自社サイトで相互リンクためのＨＴＭＬソースを提供している場合や、登録サイトへの登録時などもすべて同じものになりがちです。

しかし、自然にリンクが張られる場合には、さまざまなリンクテキストになるのが普通です。たとえば「大阪　税理士」でいえば、「大阪の税理士」はもちろん、「税理士」「大阪府の税理士」「親切な税理士」などもあるでしょう。ですから、被リンクが増えれば増えるほど、決まったキーワードだけではなく、ほかのリンクテキストも混ぜる必要があります。

どのような比率にするべきかという正確なデータはありませんが、私の経験でいえば、50～80パーセントはメインキーワードでのリンクテキストで、残りを関連性のある別のリンクテキストにする程度が妥当だと思います。

### ▼リンクの裏技ソフト

保有サイト数がある程度増えてくると、保有サイト内でもひとつひとつ相互リンクを張るのには手間がかかります。

そこで自社サイトでリンクを張るのに便利なソフトがあります。「ＳＥＯリンクコントローラー」（http://www.infoseasjapan.com/slc/infotop.html）というソフトで、このソフトはすべてのリンクを一元管理し、１回の操作ですべてのサイトにリンクを反映させてくれます。リンクに対する説明文（紹介文）も入れられるので、より自然なリンクとなります。アトランダム表示もできるため、さまざまな広告やアフィリエイトを張って、どの方法が一番反応が良いかをマーケティングするという使い方もあります。

また、このソフトをおすすめする理由のひとつとして、今後はサイドメニューやフッターからのリンクよりも、本文からのリンク効果がより強まる可能性があります。そうなった場合、表示させるリンクを本文下に設定しておけば、厳密には「本文中」にはならないものの、サイドメニューやフッターに張るよりも効果が出てくる可能性があります。

無料ブログでは使えませんが、私の確認したところではＸｒｅａ、ロリポップ、チカッパ、Ｘサーバー、１２３サーバー、さくらサーバーでは利用できました。

# 6 有料サービスの利用方法

### ▼費用対効果の高い有料サービスを利用する

無料登録サイトや相互リンクと同時に検討するのが有料サービスです。

有料サービスの利用で時間を節約して、あなたの時間をほかのより重要な仕事に振り向けることや、より早い上位表示による営業面でのプラスというメリットも大きなものです。

有料サービスは当然のことながら、無料のサービスよりも通常は効果が高いので、資金面を考慮しながら利用を検討してください。

### ▼ヤフーカテゴリー登録

ヤフーカテゴリーでの非商用サイトの登録は無料ですが、商用サイトは「ヤフービジネスエクスプレス」(http://business.yahoo.co.jp/bizx/) という有料での登録になります。

一般ジャンルでの審査料は5万2500円ですが、アダルト、風俗営業、健康食品、健康用品、スキンケア、ヘアケア、エステサロン、美容外科などの業種は3倍の費用になります。詳細はヤフーの説明ページを参照してください。

このヤフーカテゴリー登録は、かつてはアクセス数の増加にもSEOにも絶大な力がありましたが、いまでは若干その効果が落ちています。登録によるアクセスの増加も以前ほどないですし、上位表示にも絶大な力があるとまではいえません。

しかし、依然として登録制サイトでこれに代わるほど有効なものはほかにありません。「ヤフカテサイト」（ヤフーカテゴリー登録サイトの俗称）というだけで相互リンクの依頼が増え、人に紹介してもらいやすくなったり、被リンク元としても強くなったりするなどの2次的なメリットも大きいです。

最近のヤフーカテゴリー登録では、かつて登録されたサイトを削除しており、その質をさらに高めようという意図が感じられ、信頼性はほかの登録サイトの追随を許さないといっていいでしょう。料金が通常価格の業種であれば、ぜひ登録することをおすすめします。

注意するのは、この料金はあくまで審査料のため、審査結果によっては登録されないかもしれませんし、審査に落ちた場合もお金が返ってきません。審査に落ちても1回目は落ちた理由を教えてもらえますが、2回目以降は申請料金がムダになります。

さらに気をつける必要があるのが、効果や効能を謳ったものは登録がむずかしいことです。

特に美容、健康サイトは、効果や効能をにおわせただけでも薬事法に違反する可能性があり、また、どんなジャンルであっても誰にでも効果があるような派手な表記は許されていません。最近では実際に登録されなかったケースも多く出ています。審査基準に合わせることが営業の著しい妨げになるようであれば、登録を見送ることも選択のひとつです。

ヤフーカテゴリー登録を行った後でサイト内容を変更することはやめましょう。ヤフーは登録後も適切な内容が保たれているかどうか常にチェックしているため、審査後にごまかしをすると削除され、せっかく支払ったお金もムダになります。

## ▼Jリスティング、クロスレコメンド

第1章でも説明したJリスティングやクロスレコメンドは、あまり大きな効果が期待できないので必ずしもおすすめできませんが、登録してしばらくすると被リンク元として認識されるので、効果がないわけではありません。

一部の業種を除き4万2000円で、資金的に余裕のある方は検討してもいいでしょう。

## ▼有料リンクは千差万別

有料リンクは、良質なサービスを利用すれば、最速の上位表示には非常に有効な手段です。

ただし、ヤフー、グーグルとも上位表示をするための有料リンクを禁止行為としているので、

今後取り締まりを強化する可能性があるため注意が必要です。

有料リンクには大きく分けて、1サイトごとの個別販売と、セット販売の2種類があります。まず、1サイトごとの個別販売は、主に政府機関や地方公共団体と契約してそのホームページに掲載する広告です。トップページバナーで1か月当たり約1〜2万円が相場で、半年か1年契約の原則前払いです。

1サイトとしてのリンク効果は非常に高く、広告効果も期待できますが、難点は費用が高いことです。これらのリンクを2つや3つ集めてもすぐには上位表示につながらないため、もし被リンク効果だけを期待するのであれば、あまりおすすめできません。

また、一般の民間サイトによる個別のリンク販売もあります。費用の相場はさまざまですが、効果的なサイトは1か月3000円ぐらいで、比較的リーズナブルです。ただ、サイト上で公に募集しているサービスで、グーグルからページランクを大幅に下げられるようなペナルティの例も出ているので、今後の動静に注意してください。

## ▼リンクのセット販売には要注意

リンクのセット販売は、主にSEO業者が行っているサービスで、値段、質とも実にさまざまです。値段が高いから効果があるわけでは決してなく、非常に粗悪でむしろスパムの危険性が高いサービスも多いので、もし依頼をするのであれば特に慎重に選択してください。

近年ＳＥＯ業者によるリンク販売の電話営業が非常に多くなっていますが、セールストークには間違いやごまかしも非常に多いのが実情です。だまされないためにも、営業マンの話をうのみにせずに、自分で判断できる目を養ってください。

### ▼有料リンクの選び方

有料リンクを選ぶ際の判断基準を重要な順に挙げます。

①被リンク元の被リンク数と質
②被リンク元が存在価値のあるサイトかどうか
③ＩＰアドレスがどれだけ分散されているか
④リンクを張る場所や張り方
⑤サイトの発リンクの数
⑥サイト歴やオールドドメインの使用の有無

これらを値段と合わせて総合的に判断する必要があります。

特に重要なのは、①「被リンク元の被リンク数と質」です。被リンクを多く集めている、つまり言い換えれば人気の高いサイトからリンクをもらうことこそが効果があるからです。もしリンク販売業者から営業電話がかかってきた場合は、「お宅のサイトは被リンクが何件ぐらいありますか？」と質問してみてください。ほとんどの営業マンはそういったことを把握していませんし、把握していたとしても少なすぎて答えることができないでしょう。

私はいままで多くのリンク元を見てきましたが、セット販売のほとんどのサイトがまともに被リンクを集めていません。自サイト内リンクを除けば、リンクが10件以下というレベルが普通です。被リンク収集を怠っていることもありますが、そもそもサイトがただのリンク集で存在意義がなく、リンクを集めようにも集められないという実情もあります。

目安としては、外部総数で１００以上ないとほとんど効果は期待できません。

また、②「被リンク元が存在価値のあるサイトかどうか」もとても重要です。

有料リンクへの取り締まりが強化された場合に、存在価値がないリンク集は真っ先に影響を受けるでしょうし、逆に存在価値があるサイトはその後も継続的にリンクを集められる可能性が高いからです。

## ▼ＩＰアドレス分散の真実

有料リンク選びの③「ＩＰアドレスがどれだけ分散されているか」については、２００８年頃からＩＰ分散しないとリンク効果が低いといわれており、実際に私も確認しています。

ひとつのサーバーに割り当てられるＩＰアドレスは原則ひとつのため、不特定多数からのリンクを集めた場合は、結果として多くのＩＰアドレスからリンクされているはずです。

逆にいくら被リンクが多くても、同じＩＰアドレスからばかりの被リンクは自作自演になるため、検索エンジンも対抗策としてＩＰアドレスの分散度合いを評価基準に入れています。

つまり、被リンクを集める際にはさまざまな種類のサイトから被リンクをもらう必要があります。ある一社がたくさんサイトを持っていても、同じＩＰアドレスのサイトばかりだったら、そこからたくさんのリンクを受けることはあまり意味がありませんし、同じブログサービスばかりからリンクを受けるのもよくありません。

ただ、私は実際にＩＰ分散時のリンク効果の検証を行っていますが、その結果から考えるとあまり大げさにとらえるものでもありません。よく、２つ以上の同一ＩＰからのリンクはそのうちのひとつが認識されないとか、３つ以上の同一ＩＰからのリンクはスパムになるなどといわれますが、そこまで神経質になる必要はありません。

## ▼リンクの張り方もチェックする

ＩＰ分散以降のチェックも、可能であれば行ったほうがいいでしょう。

④「リンクを張る場所や張り方」は、サイドメニューかフッターに通常羅列されます。ブログ運営会社が行うＳＥＯでは、ブログのフッターにリンクテキストだけがあるケースが多いですが、できれば、本文下部にサイト説明文入りのリンクをしてもらうほうが有利です。

被リンク時に注意するのが、リンクの「ランダム表示」です。これは訪問者がアクセスするたびにリンクが変化する表示で、広告リンクに多いです。このランダム表示ではサイトアクセス時にリンクが見えたり見えなかったりします。当然検索エンジンからも認識されるかどうかわからないため、このようなサービスは避けたほうがいいでしょう。

⑤の「サイトの発リンクの数」も少ない方がベターです。これはサイトの被リンク数との相対的なものなので、発リンク数だけでは判断できませんが、１００件以上もリンクを張られるサービスは避けてください。

最後の⑥「サイト歴やオールドドメインの使用の有無」は、参考としてサイト歴やオールドドメインの使用の有無を知っておくことです。ほかに決定的要因がない場合には、サイト歴が長く、オールドドメインが使用されているサイトを選ぶべきです。あくまで一般論ですが、新しいサイトよりは、昔からあるサイトからのリンクのほうが効果的です。

## ▼オールドドメインは効果がなくなる

多くのＳＥＯ業者の営業トークに次のような言葉があります。

「ＩＰアドレスが分散されているから効果がある」

「オールドドメインを使用しているからすばらしい」

しかし、これらの重要度はあまり高くありません。なぜなら、いくらＩＰアドレスが完全に分散されていても、ひとつひとつのサイトが貧弱で意味のないサイトだったらほとんど効果がないからです。

また、オールドドメインにしても、それだから効果があるというのではなく、効果のあるオールドドメインもなかにはある、というほうが厳密には正しいです。オールドドメインを使用していても、被リンクが少ないサイトであればほとんど効果はなく、それどころか以前スパムサイトだった評価がそのまま引き継がれている場合もあります。

そもそもオールドドメインは、以前の所有者が手放して期限切れになったドメインを取得して使用するもので、以前運営されていたサイトが獲得した被リンクや検索エンジンからの評価が残っているために効果がある現象で、いまのサイトの質とは無関係なので本来あってはならないことです。

検索エンジンの盲点を突くＳＥＯはいずれダメになってしまうのは何度も繰り返してきたと

おりで、この件に関してもいずれそうなることでしょう。

## ▼サイトをまるごと買う

有料リンクは、契約更新のたびにお金を支払い続けるというデメリットがあります。無料登録はいつリンクを削除されるかわかりませんし、相手のサイトが運営をやめるかもしれないデメリットがあります。そこで、半永久的資産を持つ方法を紹介します。

その方法には、他人のサイトを買うことと、次の節で解説する衛星サイト作成の2通りがあります。他人のサイトを買う、といっても決して大げさな話ではありません。

サイトの仲介ビジネスで取引されるサイトは、一定の利益が出ていたり、たくさんの会員がいたりするものが多く、その取引価格は数十万円から数百万円になります。しかし、あくまでSEOを目的とするような、メインサイトを補完するサイトではこのような高価なサイトを買う必要はありません。

狙うべきは、長年運営されてはいるけど運営者が意欲をなくしているサイトです。このようなサイトはサーバーやドメインの更新時に売りに出すケースが多く、更新費用を払うぐらいなら閉鎖しようかと思っている人にとって、たとえ少額でもお金になるなら朗報です。

ベストなのはメインサイトのテーマに関連したサイトです。関連していれば情報サイトでも販売サイトでもかまいません。このようなサイトであれば、メインサイトへリンクを張ることによるSEO効果とメインサイトへの呼び込みの両方の役割を担えますし、あわよくば、他人があきらめたサイトをリニューアルして、商売を再生させられる可能性もあります。

関連性が低いサイトでも、サイト運営歴が長く被リンクも豊富であればリンク効果が高いものです。リンク効果を期待するのであれば、目安としてサイト運営歴が2年以上、被リンク総数で500件以上はほしいものです。ドメイン歴は当てにならないので注意してください。もし、数千円のような安価なサイトであればあまり厳密に考える必要はありません。

最近の不況とアフィリエイターが運営をあきらめたサイトが増えた影響で、売り出されるサイトが多くなりました。個人運営者ではたとえ1サイト数千円でも喜んで売ってくれる場合が少なくありません。

### ▼サイトを安く買う方法

サイトがいくら半永久的な資産といっても、あまり値段が高くては話になりません。サイトを安く買うためには次の方法で、なるべく多くの機会をつくるようにしましょう。

#### ・自社サイトで募集する

・サイト買い取りの専用サイトを作成する
・更新されていないブログをみつけて、その運営者に連絡をとる

自社サイトでの募集は最も簡単ですが、これだけだとあまり多くの依頼は望めません。むしろおすすめしたいのがサイト買い取りの専用サイトの作成です。あなたがほしい内容のサイトを明示して、リスティング広告に出せばかなりの依頼が期待できます。

また、更新されていないブログをみつけ出す方法は少々手間がかかりますが、思わぬ掘り出し物を手に入れる可能性があります。

２年以上は運営していて、しかも投稿回数が１００回以上のようなブログはかなり貴重です。こういったブログが数か月以上投稿されずに放置されていたら、アプローチするチャンスです。

# 7 衛星サイトをつくろう

## ▼中長期で運営するなら衛星サイトを作成する

中長期でサイト運営を考えているのであれば、必ず行いたいのが衛星サイトの作成です。衛星サイトを自己保有すると、次のようなメリットがあります。

・被リンク元として利用できる
・メインサイトへの導入として使える
・一度作成したらローコストで維持でき、無料ブログならコストゼロで維持可能
・新たなサイト、新たなビジネスに柔軟に対応できる

このように衛星サイトには多くのメリットがあります。

衛星サイトでは多様なサイトを持つほうがいいため、無料ブログの作成と自分でレンタルサーバーを借りて作成する両方をおすすめします。初心者の場合は自前ですべて用意するのは

敷居が高いので、まずは無料ブログからはじめてみてください。

### ▼自前のウェブサイトは手間がかかる

衛星サイトの作成では、自分でサーバーを借りて行う方法があります。

自前のメリットは、オールドドメインを含んだオリジナルドメインが使用できることと、自由にサイトの構成やデザインをつくれるのでウェブサイトらしいサイトができることです。

しかし、この方法では、サーバーレンタルからはじめて、ドメイン取得、ＤＮＳ設定、デザイン選定などかなりの手間がかかります。ちなみにＤＮＳはDomain Name Systemの略で、ＤＮＳ設定はドメイン名と契約サーバーを結びつけるプログラムの設定のことです。

また、被リンク元として考えると、ＩＰアドレスの分散が非常に重要ですが、多くのブログサービスではブログごとに別ＩＰになっています。もし1サイトごとにサーバーを借りていたら、大変なコストと手間がかかるのはいうまでもありません。

さらに、通常のウェブサイトで多くの記事を作成しても検索エンジンが認識するまではほとんどアクセスはなく、認識されても上位表示されないとやはりアクセスされません。仮にＰＩＮＧ送信をしてもその効果は極めて限定的です。このＰＩＮＧはピンとかピングなどと呼ばれ、ブログの更新をヤフーやグーグルなどの「ブログ検索」に知らせますが、通常の検索に比べて利用者はかなり少ないので、やはり大きな効果は期待できません。

**▼無料ブログサービスは衛星サイト作成に最適**

無料ブログサービスを利用した衛星サイトの作成はコストゼロにも関わらず非常に効果的です。無料サービスのため削除されるリスクもありますが、適切なサービスを選べばそのリスクも最小限に抑えられます。

私が無料ブログをおすすめするのは、次のメリットがあるからです。

・とにかく簡単に作成できる
・ブログサービスを複数使えばＩＰアドレスを分散させやすい
・ブログ独自のコミュニティ内の新着記事などで紹介され、最初からある程度のアクセスも期待できる
・ドメインが検索エンジンからインデックス化されやすい
・豊富なデザインから選択ができて簡単に変更可能。サービスによってはアクセス解析などの機能もある
・あくまでブログ（日記）形式なので、記事作成のハードルが低い

・わずかではあるが自然に被リンクが得られる

特に最初の４つは大きなメリットです。申請と同時に作成開始できるブログも多く、人気のあるブログサービスでは作成直後から投稿するたびに数十件ものアクセスが期待できます。それらのアクセスであなたのブログが気に入られると、その人のブログにリンクしてもらえて、被リンクになる機会も増えます。このような被リンクがあれば、検索エンジンにインデックス化されやすくなります。特にグーグルでは、ほんの数日でインデックス化されることも多いです。

無料ブログサービスは多種多様で、私が把握しているだけでも２００以上はあります。それぞれのサービスに規約があり、違反すれば警告を受けたり、最悪削除されたりします。特にまだ利用者の少ない小規模のブログサービスはシステムが不安定なことが多く、ブログ自体が消えてしまうことすらあります。無料ブログを利用した衛星サイトを自分の資産にしたければ、適切なサービスを選ぶ必要があります。

このおすすめのブログサービスについては次の第４章で紹介します。

### ▼ブログ投稿は回数重視

ブログへの投稿は多ければ多いほどよく、文章量も多いほうがいいのは間違いありません。1日の投稿回数の制限がないブログも多くありますので、思いついた時や気持ちが乗っている時にまとめて投稿するのもいいでしょう。長い文章を1回だけ投稿するのであれば、ある程度分けて回数を多く行ったほうが効果的です。

ブログはそもそも日記ですから、思いついたことを書きとめる程度でもいいのです。たった1行であっても、それなりに意味のあるものであれば、やらないよりいいですし、写真を1枚アップしてコメントを一言でも投稿すれば効果があります。

最初にあまり張り切りすぎると、自分で投稿のハードルを高めてしまい、次第に面倒になってしまうものです。肩の力を抜いて運営するのが長続きのコツです。

ブログへの投稿頻度は毎日が理想ですが、たくさんブログを持っている場合はむずかしいので、週1回、最低でも月1回は行うようにしましょう。

被リンク元としての力がつくまでには週1回の投稿で3か月ぐらいかかります。ひんぱんに投稿すればその分だけ早くサイトに力がついてくるので、特に最初は投稿回数を第一に考えて運営しましょう。

### ▼ブログ文章の作成方法

第2章でサイトの文章作成方法を紹介しましたが、衛星サイトでも基本は同じです。まずは自分で書籍やウェブで記事のネタを探して、そのネタに対する情報や感想、考えを述べる形式を考えます。その際、無理にビジネスに直結することや、自社サイトへの誘導を目的にしてはいけません。

そのような記事ではすぐにネタが尽きてしまうし、あからさまに売り込もうという姿勢では読んでつまらないブログになってしまいます。たまにはそういう記事があってもいいですが、なるべく控えたほうがアクセスにも結びつき、規約に厳しいブログサービスからも嫌われないものです。

むしろ非常にくだけた文章のほうが、アクセスする読者から親近感をもたれて喜んでもらえます。軽い文章で投稿できることがブログの大きなメリットです。あまり意味のない文章でも、ふと思ったことや、心の叫び、妄想、つぶやき、散文なんでもいいのです。第2章で紹介した有料記事サービスの文章なども参考になると思います。

### ▼個人的な内容のブログを書こう

複数の衛星サイトを持つ場合には、それぞれ別のブログサービスを利用して作成しましょう。

管理画面や操作方法が違うため手間はかかりますが、ドメインやサーバーIPの分散にもなり、リスクヘッジとしても役立ちます。

また、内容はメインサイトに則したものがベストです。一般の人が知らないウンチクや裏話など興味深い話は自然なリンクを集められるでしょう。提供しているサービスや商品に関連した情報でもいいです。

さらにぜひおすすめしたいのが、社長ブログや担当者の個人的な仕事のブログです。内容はどんなことを書いてもかまいません。このようなブログはメインサイトには密接に関連しないかもしれませんが、中長期で考えて非常に良い効果をもたらします。

有名なブログではサイバーエージェントの藤田社長のブログが多数のアクセスを集めています。以前はライブドアの堀江元社長のブログも莫大なアクセスを集めていました。そこまでのアクセスを目指さなくてもいいですが、会社の運営を預かる者の個人ブログは、会社への親近感や信頼性につながるのでとても大切です。

ただし、私生活、趣味、仕事の話などをいろいろ混ぜればネタも尽きませんが、個人ブログはそうたくさん運営できるものではありません。

サイトを複数つくるためには、やはり提供するサービスや商品の関連情報のブログが最適です。これなら、ネタさえあればいくらでもサイトを持つことができます。

### ▼記事のネタは無限にある

ブログのネタに悩んでいる人は多いかもしれません。そんなにネタがあるはずないと思っている人も多いのではないでしょうか。たしかに、公式ホームページに掲載できる話題は商品やサービスに特に関連のある内容になるため、ある程度限られているかもしれません。しかし、ブログに書けるようなネタは無限にあります。

もちろん、あなただけの知識や視点からばかり見ていればネタは尽きてしまうので、雑誌、書籍などの出版物やほかのサイトも参考にしてください。それらのなかには興味深いニュースや役立つ情報などがあるはずです。

もし自分が知らなかった情報であれば、それを題材に何らかの記事は書けるはずです。あなたにとって新鮮な情報を得たら、それを自分の言葉で書いて、さらにその感想を述べるといいでしょう。また同じような話題であっても、見る角度を変えたり、切り口を変えたりすればさらに話題を広げることができます。

新しい切り口という意味では会社のスタッフや家族に書いてもらうのもいいでしょう。もしかしたら長年経験のある経営者ですら知らない視点を発見できるかもしれません。それらをプロモーションや、新商品、新サービスの開発に役立てることもあるかもしれません。

たとえばメインサイトでのキーワードが「印刷　東京」の場合、少し考えただけではあまり書ける話題がないかもしれません。無理に東京の印刷事情に関する記事を書こうとすれば、すぐに手詰まりになってしまいます。

このようなサイトでは、まず印刷に関連する役立つ情報やウンチクを載せられます。この場合では印刷会社の印刷の話題だけではなく、自宅にあるプリンターの話でもかまいません。あるいは新製品のプリンターや、それに関わるコマーシャルを題材にしてもいいでしょう。身近な年賀状印刷の話や引越し通知で利用する印刷会社の話、こんなプリンターがあったらいいなというような夢の話しもいいかもしれません。これなら普段から印刷に関するアンテナを張っておけば、より充実した情報提供ができるはずです。

さらにキーワードに「東京」が入っていれば、東京の話題も盛り込めます。東京の話題であれば無限にあるといってもいいでしょう。

### ▼過去に削除された例

ブログサービスの利用に際して、あまり神経質になる必要はありません。優良なブログサービスであれば、規約さえ守っていればまず削除されることはありません。削除されるブログは次のような場合です。

・ＲＳＳ自動投稿システムでの記事投稿

・商業利用禁止のサービスでの、あからさまなメインサイトへの呼び込み記事の投稿

ＲＳＳはサイトの見出しや概要を配信するための技術で、ニュースサイトやブログサイトで記事配信に利用されることが多いです。このＲＳＳのしくみを利用して、指定テーマの情報を自動的にまとめて文章化した記事を投稿するシステムがＲＳＳ自動投稿システムです。

ＲＳＳ自動投稿システムで配信される文章は日本語として意味の通じないものがほとんどのため、多くのブログサービスが許可していません。商業利用、アフィリエイト利用が許されているブログでも、この場合は削除されると考えてください。

商業利用の禁止はどこまでが商用か不明確な場合も多いですが、明らかな売り込みの文章や呼び込みブログは間違いなく商業利用に当たるため、商業利用禁止のブログでは、社長ブログや担当者ブログ、ウンチクをまとめたようなブログにしましょう。

# 8 本格的な衛星サイト作成法

## ▼本格的に衛星サイトを作成する

中長期にわたり衛星サイトを保有するのならしっかりしたサイトをつくりたい、という人も多いかもしれません。特に情報提供型のコンテンツではブログだとわかりにくいですし、どこか安っぽさがあるのは否定できません。

その点ではきちんとしたサイトを作成すると、それ自体がメインサイトに劣らないほどの役割を持てる場合が多いものです。ほかのサイトからリンクしてもらうことや、お気に入りに入れてもらいやすくなり、いずれはヤフーカテゴリーへの無料登録も夢ではありません。

## ▼ムーバブルタイプ（Movable Type）の利用

本格的な衛星サイトを作成する場合におすすめのサイト作成ソフトが「Movable Type」(http://www.sixapart.jp/movabletype/) です。このソフトの長所は、ＨＴＭＬの知識がなくてもコンテンツさえ入力すれば簡単にサイトができることです。ひとつの管理画面でいくつでもサイト作成ができます。

個人所有用のライセンスでは無料ですが、法人や個人事業での利用の場合は有料です。無料サーバーのほとんどで利用できませんが、多くの有料サーバーで利用可能です。利用前にサーバー会社に確認しておきましょう。

このソフトはかなり人気があるので、多くのテンプレートが配布、発売されています。あくまでテンプレートなので、画一的な形式になりがちなのはしかたがないですが、多種多様なデザインがあるので、よほどのこだわりがなければ通常は問題ありません。

### ▼おすすめのドメイン取得とレンタルサーバー

ドメイン取得とサーバー利用時にコストをできるだけ抑えるには、次の２つの組み合わせがおすすめです。

**・おすすめの組み合わせ①**

ドメイン取得…「バリュードメイン」（https://www.value-domain.com/）

サーバー………「エクスリア（XREA）」（http://www.xrea.com/）

・おすすめの組み合わせ②

ドメイン取得…「ムームードメイン」（http://muumuu-domain.com/）

サーバー………「ロリポップ」（http://lolipop.jp/）

「チカッパ」（http://chicappa.jp/）

ドメイン取得と利用サーバーが直結していれば、ＤＮＳ設定のわずらわしさが軽減でき、スムーズに操作できるため何かと便利です。

「バリュードメイン」と「エクスリア（XREA）」は同一の会社による運営のため、互換性が完璧です。初級者の場合、最初は操作にとまどうかもしれませんが、「サポート」から質問すれば、ネット系の会社にしては珍しく、迅速にていねいに対応してもらえる場合が多いです。

バリュードメインは「.com」「.net」「.info」「.org」「.biz」でしたら、１ドメイン年間１０００円以下と格安です。

またレンタルサーバーのエクスリアは、その機能から考えると年額２５００円は格安で、私も数十台借りていますが動作に問題が起こったことはほとんどありません。

エクスリアの大きなメリットは、ＩＰアドレスを大量に持っていることです。大手でＩＰアドレスをたくさん持っている会社でもＣクラスまでは同じ場合がほとんどです。その点、エクスリアはＣクラスから異なるＩＰを豊富に所有しているため、将来的なサーバーを増設時のＩＰ分散という意味でも都合がよく、ひとつの管理画面で複数のサーバーを管理できるのも便利です。

また、「ムームードメイン」もバリュードメインと同様に安くドメインが取得できます。期間限定で通常９５０円の「.info」ドメインを１８０円で取得できるなど、驚きのキャンペーンをやることがあります。

その関連サーバーが「ロリポップ」で月額２６３円からあります。以前は運用上のトラブルがありましたが最近では安定しています。ＩＰもよく変わるため、新たにサーバーを借りるたびに異なるＩＰアドレスにすることが可能です。ロリポップは独自ドメインがひとつしか使用できないため、それ以外のサイトはサブドメインで作成する必要があります。

ロリポップの上位機種の「チカッパ」は月額５２５円で独自ドメインがひとつと、日本語ドメインをひとつ設定できます。もしドメインを増やしたい場合は、１ドメインにつき２１０円の追加料金を支払えば３つまで新規ドメインを増やせます（ドメイン取得費用は別）。これもサーバーＩＰを多く保有しています。

第4章

# SEOに効く無料ブログの選び方と使い方

# 1 ブログサービス別の特徴を見抜く

## ▼外部要素に欠かせないブログ作成

これまでにも解説したように、サイトの外部要素を補強するためには、衛星サイトとしてのブログ作成が必須だと考えてください。

被リンク元としてだけで考えると、1～2週間の短期で効果が出るものではありませんが、中長期的には必ず役に立ちますし、適切なブログサービスを選べば、投稿するたびに多くの人が閲覧してくれるため、自社サイトへの導線にもなる可能性もあります。無料で作成できて大きな手間も不要のため、ちょっとした空き時間を利用して手軽に投稿すればいいのです。

## ▼無料ブログサービスの選び方

この章では、目的に応じて適切なブログを選べるように、おすすめのブログサービスやその特徴を解説していきます。検索エンジンのインデックス期間を検証して、その検証結果の詳細も紹介するので有効に活用してください。

無料ブログサービスは非常にたくさんありますが、それぞれ機能や特徴が違います。選択を間違えば心血を注いだブログが台なしになりかねないので、慎重に選んでください。

ブログサービスの選択では、次のポイントが挙げられます。衛星サイトとして運営するための重要な順で並べています。

・削除される恐れが低い
・サイドメニューなどの自由度が高い
・ドメインの検索エンジンからの評価が高い
・検索エンジンのインデックス化が早い
・コミュニティからのアクセスが多い
・操作性、安定性が高い
・商用として使えるか否か
・デザインが多くてセンスが良い

**▼削除されないブログサービスを選ぶ**

ブログサービスの選択で一番大切なのが、削除されにくいブログサービスを選ぶことです。

当然ですが、そのようなことが起こるサービスは避けるべきで、サービスの利用前には十分に規約を読んで注意する必要があります。ただ、私のいままでの経験からすれば、ブログの削除は決してひんぱんには起こらないものです。

注意点は第3章でも述べましたが、まず、自動投稿ソフトによる記事のRSS自動投稿を行わないことです。日本語として意味をなさない文章が生成されるため、どのブログサービスでも削除の対象になります。

次に、規約でアフィリエイトや商用目的の内容を禁止しているブログがあるので、違反にならないように利用することです。

### ▼自由度の高いブログサービスを選ぶ

サイドメニューやフッターなどの自由度も非常に重要なポイントです。本文の記事は更新するたびに下に追いやられてしまいますが、サイドメニューであれば常に表示されます。

したがって、サイドメニューでは自分のサイトへのリンクはもちろん、来訪者への紹介文や、お気に入りサイトをリンクするなど自由に行いたいものです。また、自由度が高いほうがブログに対する愛着も違ってくるものです。

しかし、なかにはこれらの変更や追加がほとんどできず、記事の下に必ず広告が掲載されるものや、外部リンクや広告がぎっしりと並んでいるものもあります。特にサイドメニューから直接の発リンクを張れない場合は、記事の下にリンクを張るしかなく、テーマに密接な関連リンクならともかく、そうでない場合は不自然です。

### ▼ブログサービスによるインデックス化の期間に注意する

インデックス化の早いブログサービスと遅いサービスを比較した私の検証実験の結果では、被リンクがないブログで週2回程度の投稿の場合、ヤフーのインデックス化に2か月以上かかったのが約半数ほどでした。これはヤフーへのサイト申請を出し、投稿ごとにＰＩＮＧ送信を行ったうえでの検証結果です。

インデックス化されなければ検索エンジン経由のアクセスもありませんし、もちろん被リンク元としての認識もされません。この詳細は後述します。

### ▼ドメインの力が強いブログサービスを選ぶ

ブログサービスで与えられるドメインは「○○○.saisokuseo.com」のようなサブドメインの場合と、「www.saisokuseo.com/○○○」のようなディレクトリー型のドメインの場合があります（○○○は自分で設定する任意の文字列）。どちらがＳＥＯに有利、不利ということはありません。

ただ、使用されているドメインにはそれぞれの歴史があり、検索エンジンに対する強さもさまざまです。ディレクトリー型ドメインのサイトでは、ひとつのキーワードに対して2ページまでしか検索結果に表示されません。しかし、そのような不利益はごくわずかなので、気にする必要はありません。

検索エンジンへのインデックス化はもちろん早いほうがいいのですが、インデックス化の早いドメインだからといって、必ずしも検索エンジンから高い評価を得ているとはかぎりません。中長期で考えるのであれば、被リンク元として高い評価を得られるドメイン、つまり検索エンジンから高い評価を得ているドメインでの運用を優先したほうがいいでしょう。

**▼コミュニティからのアクセスが多いブログを選ぶ**

ブログサービス内にあるコミュニティからのアクセスは、サービスによって大きな違いがあります。

特にはじめてすぐの投稿時は、総アクセス数でいうとゼロから100ぐらいまでアクセス数の違いが出てきます。投稿するたびに一定のアクセスがあるのとないのでは、運営のモチベーションも違ってきます。

コミュニティからのアクセスが多いブログは、最初の投稿からアクセスがありますし、あまり人気のないブログでも一定のアクセスがあります。ましてその後、人気が出ればアクセス数がうなぎ昇りということもあります。

逆にコミュニティが貧弱なブログの場合、検索エンジンに認識されるまでの1〜2か月間は投稿してもほとんどアクセスが期待できません。

# 2 各種ブログ比較

## ▼各ブログサービスの強みと弱みを検討する

次の表の結果と解説は、私が２００９年10月に検証した結果によるものです。

## ▼コミュニティからのアクセス数はグーがナンバーワン

調査したブログサービスのなかで、サービス内のコミュニティからのアクセス数が最も多いのが「グーブログ」（http://blog.goo.ne.jp/）です。検索エンジンでのインデックス化以前から50人程度の来訪者がいて、総アクセス数は１００ぐらいになりました。

次に多いのが「アメーバブログ」と「楽天ブログ」で、来訪者数は20〜30人でした。さらに「シーサーブログ」「ジュゲム」「ソネット」「ウェブリブログ」で、それぞれ10〜20人でした。検索エンジン経由でアクセスされるまで、このアクセスだけが頼りですから、ブログの選択では重要な要素です。

## ブログサービス調査結果

| | インデックス化の早さ | | | | PING設定 | アクセス数 |
|---|---|---|---|---|---|---|
| | 被リンクなし | | 被リンクあり | | | |
| | ヤフー | グーグル | ヤフー | グーグル | | |
| 1　シーサー | × | ◎ | ○ | ○ | ○ | ○ |
| 2　アメーバ | ××× | ◎ | × | ○ | ○ | ◎ |
| 3　みぶろぐ | ×× | ◎ | ○ | ○ | ○ | |
| 4　goo | ××× | ◎ | ○ | ○ | ○ | ◎ |
| 5　サブライム | ××× | ◎ | ○ | ○ | ○ | |
| 6　忍者 | ◎ | ○ | ○ | ○ | ○ | |
| 7　FC2 | ××× | ◎ | ○ | ○ | ○ | |
| 8　JUGEM | ××× | ◎ | ○ | ○ | ○ | ○ |
| 9　ライブドア | ××× | ◎ | ○ | ○ | ○ | |
| 10　269g | ××× | × | ○ | × | ○ | |
| 11　ソネット | ● | ◎ | ○ | ○ | ○ | ○ |
| 12　ウェブリブログ | ×× | ◎ | ○ | ○ | ○ | ○ |
| 13　楽天 | ××× | ◎ | ○ | ○ | × | ◎ |
| 14　クリップログ | ◎ | ◎ | ○ | ○ | × | |
| 15　ドキュン | ◎ | ◎ | ○ | ○ | ○ | |
| 16　ハーモニー | ××× | ◎ | ○ | ○ | ○ | |
| 17　はてな | ◎ | ◎ | ○ | ○ | △ | |
| 18　ジャストブログ | ××× | ◎ | ○ | ○ | △ | |
| 19　DTI | △ | ◎ | × | ○ | ○ | |
| 20　オリコン | ××× | ● | ○ | ○ | ○ | |
| 21　ティーカップ | ××× | ◎ | ○ | ○ | ○ | |
| 22　ヤフー | ××× | ◎ | ○ | ○ | × | |
| 有料　さくら | ××× | ● | - | - | ○ | |
| ムーバブルタイプ1 | △ | ● | - | - | ○ | |
| ムーバブルタイプ2 | ××× | ● | - | - | ○ | |
| ムーバブルタイプ3 | △ | ● | - | - | ○ | |

・**「被リンクなし」のインデックス化の早さ**

◎…2～5日　○…6～10日　●…11～20日　△…21～30日
×…31～40日　××…41～60日　×××…61日以上

条件：ヤフー、グーグルともに登録申請を出し、1週間に約2回の投稿を行う。PING送信できるブログは約10件（それ以下しか設定できない場合あり）の送信を行う。

・**「被リンクあり」のインデックス化の早さ**

○…30日以内　×…31日以上　―…計測なし

条件：ヤフー、グーグルともに登録申請を出し、1週間に約2回の投稿を行う。PING送信できるブログは約10件の送信（それ以下しか設定できない場合もある）。被リンクはすべて同じ10サイトのトップページにリンクした。

・**PING送信設定**

○…できる　△…送信先指定はできないが一部できる　×…できない

・**アクセス数（ブログ初期段階で投稿した日に期待できる来訪者数。ユニークアクセス）**

◎…20～50　○…10～19

### ▼被リンクの有無で、グーグルとヤフーのインデックス化に違いが出る

前ページで掲載した表の、被リンクがない場合を見てください。被リンクを受けていない場合でも、グーグルではほとんどのブログサービスが数日でインデックス化されます。それに対してヤフーは異常ともいえるほどに遅くなっています（なお「被リンクがない」というのは意図的に被リンクを得ないだけで、ブログの内容によっては他サイトからの自発的リンクによる被リンクを受ける可能性もあり、その分の影響は十分に考えられます）。

この検証で、５日以内にグーグルでインデックス化されたのは26サービス（独自作成ブログを３つ含む）のなかで、19のサービスです（シーサー、アメーバ、みぶろぐ、グー、サブライム、ＦＣ２、ジュゲム、ライブドア、ソネット、ウェブリブログ、楽天、クリップログ、ドキュン、ハモブロ、はてな、ジャスト、ＤＴＩ、ティーカップ、ヤフー）。

一方、ヤフーでインデックス化されたのは、忍者、クリップログ、ドキュン、はてなの４つです。さらにインデックス化に30日以上かかったブログサービスは、グーグルはひとつなのに対してヤフーでは18になり、半分以上のブログが60日以上かかりました。

この結果を見るかぎり、ヤフーへのサイト登録申請は役に立っていないとも思えます。ヤフーは被リンクのない作成直後のサイトは内容が不十分と考えて、おそらく意図的にインデックス化を遅らせているのでしょう。これに対し、グーグルのインデックス化は大変早まっています。

このあたりにヤフーとグーグルのスタンスの違いがはっきり表れています。

一定の被リンクを受けた場合のインデックス化の早さは、そうでない場合と比較すると大きな差があります（検証では10サイトのトップページからのリンクで実験しました）。

30日以内にインデックス化されなかったブログは、22のブログサービス中、グーグルは1サービスで、ヤフーは2つでした。これらの結果から明らかなのは、ヤフーでは登録申請を出しても被リンクがなければ、インデックス化までに2か月以上かかる場合が多く、ヤフーでインデックス化を早めるには被リンクが必要不可欠なのがわかると思います。

## ▼ドメインの強いブログはどれか

「ドメインの強さ」はどれだけ上位表示されやすいかと、被リンク元としてどれだけ強いかという二重の意味があります。精度の高い検証がむずかしいため、正確な順位はつけられませんが、いままでの経験からいうと、次のブログサービスのドメインが強いと考えられます。

まず、非常にドメインが強いと思われるブログサービスは、グー、はてな、アメーバ、忍者、さくらです。

また、次にドメインが強いと思われるブログサービスには、シーサー、ライブドア、みぶろぐ、ハモブロ、クリップブログ、スタ☆ブロ（オリコン）があります。

# 3 おすすめ無料ブログサービス

## ▼おすすめ無料ブログサービス・ベスト10

私がおすすめする無料ブログサービスのベスト10は、前節で紹介した表の並び順です。使いやすく機能が充実しているなど、衛星サイトとして総合的に良いと現時点で判断した順番に次からそれぞれを詳しく紹介します。もちろんこれは筆者独自の判断によるものですから、それぞれ個人の目的や好みで検討してみてください。

## ▼おすすめブログ①　「シーサー（Seesaa）」（http://blog.seesaa.jp/）

機能、使いやすさ、アクセス数、デザイン、すべてが水準以上で、以前からアフィリエイトなどにも寛大で、自由に使えるブログサービスです。

そして何といってもひとつの管理画面で１００ものブログを作成できるため、ブログを量産したい人には非常に便利です。しかも、同じ管理画面内で作成したブログでもＩＰアドレスのＤクラスが違う場合があります。まさに使いたい放題の大変ありがたいサービスです。

シーサーブログの管理画面

レイアウトやデザインについても、シーサーのロゴ以外はほぼすべての広告を削除する設定もでき、ブログ上で利用する機能やそのレイアウトをドラッグ&ドロップで簡単にできます。選べるデザインも豊富で、携帯電話からの記事投稿も可能です。

また、無料にしてはかなり詳細なアクセス解析があり、ページ別、時間別、リンク元、検索エンジン、検索ワードなどがわかります。ちなみに、ひとつの管理画面で複数のブログを作成できるサービスにはほかに、みぶろぐ、サブライム、忍者、２６９g、ソネットがあります。

**▼おすすめブログ②「アメーバブログ（通称アメブロ）」（http://ameblo.jp/）**

利用者数、アクティブユーザー数ともに多く、たくさんの有名人が利用しているサービスです。最初の投稿をすると、コミュニティからのアクセスだけで20～30人が見込めます。アクセスランキングが約50万位まであり、アクセス数に応じた段位もあるため、投稿のモチベーションにもなります。コミュニティ内のブログのペタ（足跡）を踏むと、相手も自分のブログを見に来てくれてペタ返しをする機能があってアクセスを増やせます。「グルっぽ」という同じ趣味や共通点を持った人たちが集まってコミュニケーションできる機能もあります。

ブログのデザインテンプレートも豊富で、管理画面もお洒落で機能も充実しており毎日見たくなるような工夫が施されています。

ただし、営利を目的とする行為は承認制となっているため、商用利用は原則禁止です。

**▼おすすめブログ③「みぶろぐ（meblog）」（http://meblog.jp/）**

記事投稿（テキスト容量）無制限のため、作成ブログ数も無制限です。

テキスト無制限、ファイル容量が最大２GBと容量が大きく、操作も軽いのが特長です。

機能も充実しており使いやすく、ほぼすべての広告を削除できます。無料としてはかなり詳細なアクセス解析があり、ページ別、時間別、リンク元、検索エンジン、検索ワードなどがわかります。携帯電話からの記事投稿も可能で、特にブログ利用ガイドが大変詳しく親切です。

若干のデメリットとしては、デザインの種類が少なめなことと、管理画面がたまに文字化けすることです。

**▼おすすめブログ④「グー（goo）」（http://blog.goo.ne.jp/）**

ポータルサイトでの集客力があり、そこからのアクセスが最も多いのが特長です。

最初の1回目の投稿で、最低50～60人からのアクセスが期待できます。機能も充実しており、管理画面が見やすいです。

デザインは非常に豊富ですが、最新記事下とサイドバー上部に必ず広告が入り、残念なことにサイドバーの自由度が低く、リンクが張れません。また、無料版のアクセス解析でわかるのは閲覧数と訪問者数程度のみで1週間前までのデータしか見ることができません。

携帯電話からの記事投稿は可能です。有料版の「グーブログアドバンス」は月額200円でアフィリエイト利用や詳細なアクセス解析、デザインのカスタマイズなどができます。

## ▼おすすめブログ⑤「サブライム（sublime）」（http://sublimeblog.jp/）

機能や管理画面の多くはシーサーに準じており、ブログ上で利用する機能やドラッグ＆ドロップで簡単にできるレイアウト操作も同じで、十分な機能が備わっていて使いやすいです。記事投稿（テキスト容量）は無制限。基本的に作成ブログ数も無制限です。上部バナー下の広告とサブライムバナー以外の広告は削除できます。デザインの種類はあまり多くありません。

## ▼おすすめブログ⑥「忍者ブログ」（http://blog.ninja.co.jp/）

1アカウントで多くのブログが作成でき、同じ管理画面でアンケートフォームやメールフォームの作成もできます。機能も充実しており、アクセス解析も詳しいですが、カウンターとアクセス解析は別のサービスを利用して自分で設定する必要があります。

デザインの種類は非常に多く、フッターにテキストの外部リンクが2つくらい入りますが、

サブライムの管理画面

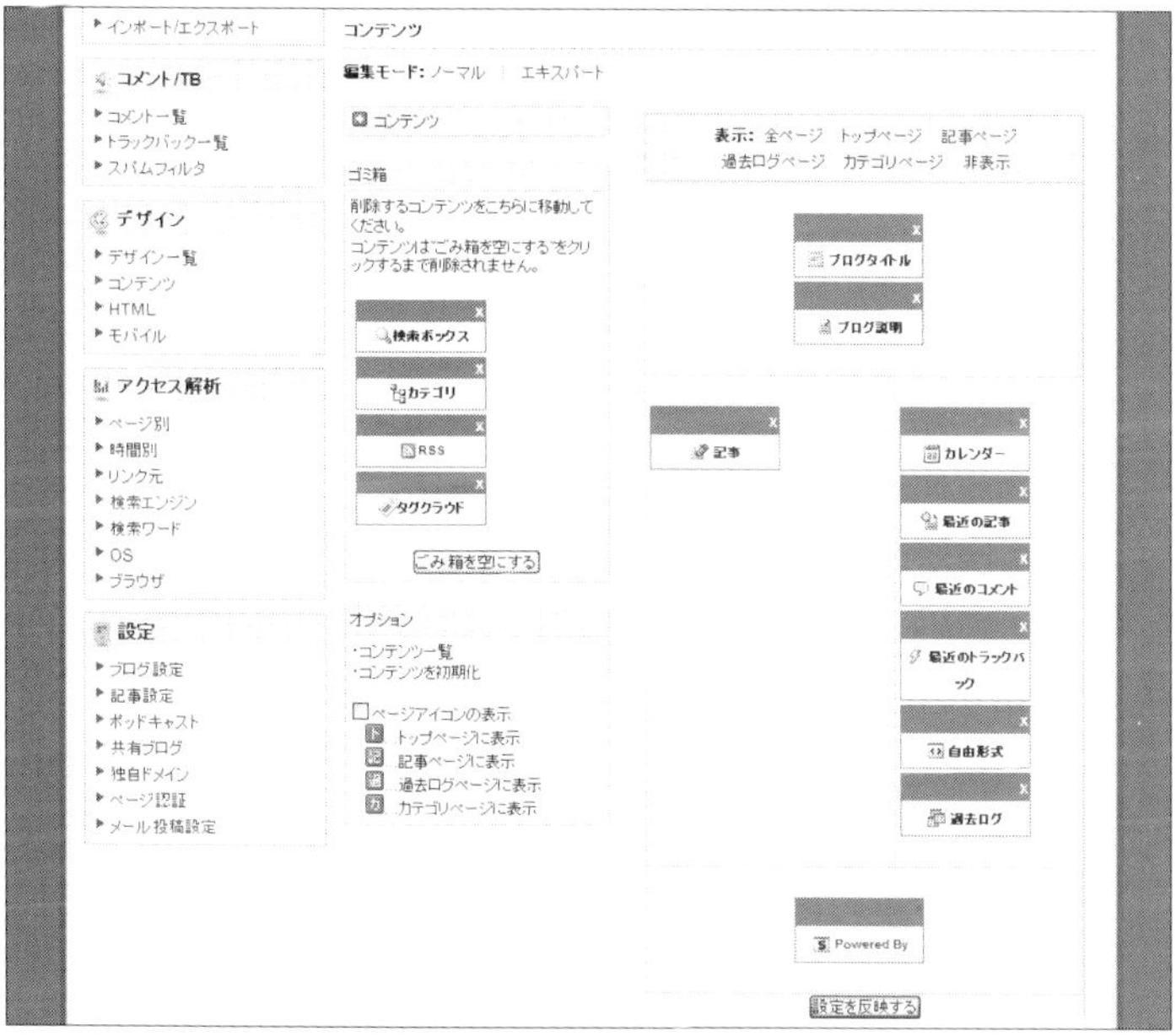
インポート/エクスポート
コメント/TB
コメント一覧
トラックバック一覧
スパムフィルタ
デザイン
デザイン一覧
コンテンツ
HTML
モバイル
アクセス解析
ページ別
時間別
リンク元
検索エンジン
検索ワード
OS
ブラウザ
設定
ブログ設定
記事設定
ポッドキャスト
共有ブログ
独自ドメイン
ページ認証
メール投稿設定
コンテンツ
編集モード: ノーマル　エキスパート
コンテンツ
ゴミ箱
削除するコンテンツをこちらに移動してください。
コンテンツはごみ箱を空にするをクリックするまで削除されません。
検索ボックス
カテゴリ
RSS
タグクラウド
ごみ箱を空にする
オプション
・コンテンツ一覧
・コンテンツを初期化
ページアイコンの表示
トップページに表示
記事ページに表示
過去ログページに表示
カテゴリページに表示
表示: 全ページ　トップページ　記事ページ
過去ログページ　カテゴリページ　非表示
ブログタイトル
ブログ説明
記事
カレンダー
最近の記事
最近のコメント
最近のトラックバック
自由形式
過去ログ
Powered By
設定を反映する

それ以外の広告は入りません。ヤフーでのインデックス化が非常に早いです。

管理画面は慣れないとやや使いにくく感じます。

**▼おすすめブログ⑦「エフシーツー（FC2）」（http://blog.fc2.com/）**

機能が充実しており、管理画面が見やすいです。初心者から上級者まで古くから利用されており、アフィリエイターにも定番になっています。ＩＰアドレスが違うことが多いので、衛星サイトとしての利用にも好都合です。デザインの種類は非常に多く、広告は最新記事の下とフッターに入ります。詳細なアクセス解析もあります。

ウェブ関連の良質なサービスを多く提供している会社だけに、１アカウントで複数のブログを運営できるようにしてもらいたいものです

**▼おすすめブログ⑧「ジュゲム（JUGEM）」（http://jugem.jp/）**

ブログコミュニティからのアクセスが多く、最初の投稿で最低20人程度からのアクセスが期待できます。デザインは１００種類程度と平均的ですが、編集画面を含めてデザインが美しいです。広告設定はどこに表示するかを選べ、目立たないのはサイドメニューです。無料にしては詳細なアクセス解析があります。

携帯電話からの記事投稿が可能で、「ジュゲムプラス（JUGEM PLUS）」という有料版では月315円で、独自ドメイン設定（ドメイン代は別）、広告表示なし、高機能アクセス解析などがつきます。IPアドレスが時々変わり、無料、有料にかかわらず、登録できるアカウント数は無制限なので、その際にIPアドレスをチェックしたほうがいいでしょう。

商用利用は利用規約の範囲内で可能です。

**▼おすすめブログ⑨　「ライブドア（livedoor）」（http://blog.livedoor.com/）**

管理画面が見やすく機能も豊富で、デザインは600種類超と非常に多いのが魅力で、カスタマイズも自由にできます。最新記事の下に広告が入ります。

無料版のアクセス解析では日ごとの訪問者数しかわかりません。ポータルやコミュニティからのアクセスは以前と比べるとあまり期待できません。「ライブドアブログPRO（livedoor Blog PRO）」では月額315円で、広告の非表示や独自ドメインでの運用（ドメイン費用は別）、詳細なアクセス解析などがつきます。

**▼おすすめブログ⑩　「ブログジー（269g）」（http://269g.jp/）**

「女性のためのおしゃれなブログ」がキャッチフレーズ。機能や管理画面はほぼシーサーと同じで、十分な機能が備わっていますし、管理画面やアクセス解析が使いやすく見やすいです。デザインが豊富で女性向きのものが多く、サイドバーと記事下の広告は消せません。ひとつのアカウントで複数のブログがつくれます。

なお、２００９年９月に大掛かりにリニューアルしたのを機にＩＰアドレスが変わりました。グーグル、ヤフーともにインデックス化がなぜか非常に遅いです。

### ▼その他のおすすめブログ

**「ソネット（so-net)」（http://blog.so-net.ne.jp/）**

ここからはそのほかのおすすめ無料ブログサービスを紹介します。

まず、ソネットはポータルサイトからの集客があるため、１回の投稿で最低でも20〜30人のアクセスが期待できます。ひとつの管理画面で複数のブログを作成でき、同じ管理画面でもＩＰアドレスのＤクラスが違う場合があります。無料としては詳細なアクセス解析があり、デザインは３００種類以上と豊富です。ただ、残念ながらサーバーが重たく、操作性が悪く、サイドバーの広告とキーワードマッチ広告は無効にできません。

▼「ウェブリブログ」(http://webryblog.biglobe.ne.jp/)

ビッグローブが運営しています。ポータルサイトからの集客があるため、1回の投稿で最低20～30人のアクセスが期待できます。やや簡易的なアクセス解析がついています。記事下とフッターに広告が入ります。デザインは200種類以上と豊富ですが、少し管理画面がわかりにくいです。

▼「ディーティーアイ(DTI)」(http://blog.dtiblog.com/)

管理画面が見やすく使いやすいです。無料としては詳細なアクセス解析がついてきます。サイドバーの自由度はあまり高くありません。

▼「楽天ブログ」(http://plaza.rakuten.co.jp/)

楽天利用者のコミュニティが強いので、そのコミュニティからのアクセスが多いです。1回の投稿で最低20～30人のアクセスが期待できます。デザインが豊富でテーマ別とカラー別で選べます。

最新記事の下や、サイドメニューに広告が入り、サイドメニューからの直リンクはできません。商用利用やお金儲けを他サイトで行う内容などを記述すると削除されるので要注意です。

**▼「クリップログ（Cliplog）」（http://www.cliplog.jp/）**

グーグル、ヤフーともにインデックス化が非常に早いです。機能をしぼったシンプルな管理画面で、アクセス解析はなく、ブログ上にカウンターがついているだけです。デザインは選べず、地味なデザインで、サイドメニュー上部に広告が入ります。このサイドメニューは操作できず、リンクも張れません。

**▼「ドキュン（Dokyun）」（http://blog.dokyun.jp/）**

グーグル、ヤフーともにインデックス化が非常に早いです。機能をしぼったシンプルな管理画面で、デザインの種類はやや少なめです。訪問者数だけがわかるアクセス解析があります。広告は最新記事下とサイドメニュー上部に入ります。サイドメニューにはリンクを張れません。

**▼「ハーモニー（HARMONY）」（http://hamoblo.com/）**

機能をしぼったシンプルな管理画面で使いやすいです。総アクセス数だけがわかるアクセス解析がついていて、デザインは２００種類近くありやや多めです。サイドメニューに外部へのリンクが10件程度入りますが広告は目立ちません。営利を目的とした行為は禁じられています。

### ▼「はてなダイアリー」（http://d.hatena.ne.jp/）

グーグル、ヤフーともにインデックス化が非常に早いです。サイドメニューにはリンクを張れませんがフッターには張れます。アクセス解析は日別、時間別アクセス数だけわかります。デザインは１００種類以上あって、やや多めです。広告はすべて削除することができます。

### ▼「ジャストシステムブログ（JUSTBLOG）」（http://www.justblog.jp/）

管理画面は機能をしぼったシンプルな画面です。サイドメニューの自由度はなくリンクを張れず、ここに広告が入ります。簡単なアクセス解析があって、デザインは少なめです。規約で営利を目的とした行為は禁じられています。

### ▼「スタ☆ブロ（ORICON）」（http://blog.oricon.co.jp/）

機能はかなり豊富で、詳細なアクセス解析があります。デザインは１００種類以上あり、やや多めですが、広告が非常に多いです。ただし、それ以外はサイドメニューの自由度は高くなっています。規約で営利を目的とした行為は禁じられています。

ありますが、外部リンクが入ります。

▼「ティーカップ（teacup）」（http://autopage.teacup.com/）

機能はかなり豊富で、詳細なアクセス解析があります。デザインは300種類以上と豊富にあります。最新記事下とサイドメニューに広告が入り、フッターに外部リンクが入ります。

▼「ヤフーブログ」（http://blogs.yahoo.co.jp/）

最低限の機能だけで、アクセス解析はなく、訪問者数だけのカウンターのみです。デザインはあまり多くないですが、本デザインと背景パターンを組み合わせるという独特のしくみです。広告は削除できますが、サイドメニューの自由度は低くリンクも張れません。

ヤフーポータルからのアクセスは非常に少なく、本文にもHTMLが使えないのでテキストリンクもできず、SEOにも本サイトへの導入にも不向きです。ヤフー検索エンジンのインデックス化が遅く、またドメイン自体も弱いです。

ヤフーポータルの利用者が多く、気軽に利用できるため紹介しましたが、残念ながら内容そのものはあまりおすすめできません。

# 4 おすすめ有料ブログサービス

## ▼有料版のブログサービスを検討する

これまでは完全無料のブログサービスをご紹介しましたが、ここでは何らかの形で有料のおすすめブログを紹介します。

## ▼おすすめ有料サービス「さくらのブログ」

「さくらのレンタルサーバー」（http://www.sakura.ne.jp/）を借りれば、無料で利用できます。サーバー料金は容量５００ＭＢの「ライト」で月額１２５円だけです。ブログ作成目的であればこのコースで十分ですが、レンタルサーバーとしてサイト作成も考えているのなら３ＧＢまでの「スタンダード」が月額５００円でおすすめです。

ブログ管理画面はシーサーとほとんど同じで使いやすく、ひとつの管理画面で多数のブログを作成できます。ドメインの力も非常に強いと思われます。

**▼おすすめ有料サービス「ロリポップブログ」**

「ロリポップサーバー」（http://lolipop.jp/）を借りるとブログが3つまで作成できます。ジュゲムブログに直結しており、仕様はジュゲムブログそのものですが、ロリポップの管理画面から3つのジュゲム管理画面に直結します。

ドメインはジュゲムのサブドメインとロリポップで仕様しているサブドメインの両方が表示されます。サーバー料金は月間263円と格安です。

**▼おすすめ有料サービス「ライブドアブログPRO」**

有料版のライブドアブログPROでは、詳細なアクセス解析や記事下広告を非表示にできます。

独自ドメインを利用することができ（ドメイン費用は別）、デザインを全般的に変更することも可能です。特に独自ドメインと詳細なアクセス解析はブログ運営にはぜひほしいものです。

# 5 おすすめブログIPアドレス表

本書で紹介したブログサービスに、さらに評判の良いサービスを追加して合計32種類のブログサービスのＩＰアドレスを掲載しました。

複数のＩＰを保有するブログもあるので、すべてのＩＰをフォローしているとはいえないものの、基本的には次のすべてのサービスでＣクラスまでのＩＰアドレスが異なっています。あなたのサイトのＩＰアドレスと照合して、ＩＰが異なることを確認して検討してください。

## ブログサービスIPアドレスリスト

| 番号 | ブログサービス | URL | IPアドレス | |
|---|---|---|---|---|
| | | | A,B,Cクラス | Dクラス |
| 1 | シーサー | http://blog.seesaa.jp/ | 59.106.28. | 132他 |
| 2 | アメーバ | http://ameblo.jp/ | 203.80.26. | 36 |
| 3 | みぶろぐ | http://meblog.jp | 210.143.245. | 113 |
| 4 | goo | http://blog.goo.ne.jp/ | 210.165.9. | 64 |
| 5 | サブライム | http://sublimeblog.jp/ | 59.106.102. | 246 |
| 6 | 忍者 | http://blog.ninja.co.jp/ | 125.100.100 | 150 |
| 7 | FC2 | http://blog.fc2.com/ | 66.160.206. | 139他 |
| | | | 208.71.107. | 3 |
| 8 | ジュゲム | http://jugem.jp/ | 59.106.97 | 199他 |
| | | | 210.172.160. | 142 |
| | | | 210.232.1 | 102他 |
| 9 | ライブドアブログ | http://reader.livedoor.com/ | 125.6.172. | 135他 |
| | | | 203.104.103. | 23 |
| 10 | 269g | http://269g.jp/ | 59.106.98. | 143他 |
| 11 | ソネット | http://blog.so-net.ne.jp/ | 59.106.105. | 44他 |
| 12 | ウェブリブログ | http://webryblog.biglobe.ne.jp/ | 133.205.94. | 208 |
| 13 | 楽天ブログ | http://plaza.rakuten.co.jp/ | 202.72.52. | 101 |
| 14 | クリップログ | http://www.cliplog.jp/ | 61.195.68. | 10 |
| 15 | ドキュン | http://blog.dokyun.jp/ | 202.211.33. | 122 |
| 16 | ハーモニー | http://hamoblo.com/ | 59.106.14. | 234 |
| 17 | はてな | http://d.hatena.ne.jp/ | 59.106.108. | 77 |
| 18 | ジャストブログ | https://app.justblog.jp/ | 204.9.178. | 33 |
| 19 | DTI | http://blog.dtiblog.com/ | 207.199.89. | 168 |
| 20 | スタ☆ブロ（オリコン） | http://blog.oricon.co.jp/ | 202.248.168. | 145 |
| 21 | ティーカップ | http://autopage.teacup.com/ | 210.249.151. | 14 |
| 22 | ヤフー | http://blogs.yahoo.co.jp/ | 114.111.75. | 248 |
| 23 | さくら | http://www.sakura.ne.jp/ | 59.106.18. | 132 |
| 24 | マルタ | http://maruta.be/ | 59.190.139. | 168 |
| 25 | ドリコム | http://blog.drecom.jp/Top.blog | 122.208.179. | 110 |
| 26 | のブログ | http://www.noblog.net/ | 61.121.247. | 216 |
| 27 | Blogger | https://www.blogger.com/start | 74.125.159. | 191 |
| 28 | ココログ | http://www.cocolog-nifty.com/ | 不明 | |
| 29 | エキサイトブログ | http://www.exblog.jp/ | 210.128.67. | 20 |
| 30 | ヤプログ | http://www.yaplog.jp/ | 210.172.140. | 162 |
| 31 | ブロくる | http://blog.kuruten.jp/ | 210.196.142. | 98 |
| 32 | エリアブログ | http://www.areablog.jp/ | 202.78.209. | 196 |

# 第5章
# SEOのさらに上を行く

# 1 すぐにサイトを増やそう

## ▼何をやっても変わらない場合は「あきらめる」

多くのＳＥＯの施策を手がけるなかで、私自身なかなか結果が出ない場合もあります。

結果が出ないパターンというのはだいたい決まっていて、圧倒的に多いのが、多量の被リンクを集めたにもかかわらず、狙ったキーワードでの順位が30位以下の場合です。「多量の被リンク」というのは、ヤフーでだいたい５０００件以上です。さらに2万以上もの被リンクがある場合は、それ以上の上位表示はかなりむずかしいといっていいでしょう。

もし、このように内的要素を改善して、被リンクをいくら集めても上位表示しない状況になったらどうしたらいいでしょうか？

結論からいえば、あきらめることです。こういうサイトにいつまでもお金や労力をかけるべきではありません。さまざまな労力が効いて上位表示したと認められるケースは非常に少ないため、そのサイトの上位表示は一旦あきらめるのが得策です。

もしかすると後で検索エンジンのアルゴリズムの変化などで急に上がってくることもあるか

もしれませんが、それをじっと待つのは時間の浪費です。ですから、あきらめて新たに別サイトをつくってください。これは衛星サイト作成にも当てはまりますが、フットワークを軽くして、サイトをたくさんつくるほうが重要です。

そもそも、検索エンジンからの集客は不安定なものです。日本ではヤフーとグーグルの２社がシェアの９割を占めており、両社とも会社の運営も検索エンジンの仕様もいつどのような方針に変更するかわからない一民間企業にすぎません。執筆時点でアメリカのヤフーがマイクロソフトに買収されて、ヤフーの検索エンジンが根本的に変わる可能性が出てきているのもその一例です。

検索エンジン自体の変化に対応するには、さまざまなサイトを持つしかないのです。ひとつのサイトの対策をある程度まで施したら、それ以上は固執しないようにしましょう。

### ▼第２、第３のサイトを作成する

新規でサイトを立ち上げるとなると、上位表示まで時間がかかるため気が遠くなる、という人もいるでしょう。

しかしすでにご紹介したように、適切なＳＥＯを行えば、作成直後のサイトでも十分に上位表示が可能です。上位表示に時間がかかるといわれるグーグルでさえ、むずかしいキーワードでなければ問題なく1～2か月で順位は上がります。

ところで一時期、古いサイトばかりが優遇されたことがありました。しかし、古いサイトは更新されない古い情報が多く、新しいサイトには新しい情報が多いものです。新しい情報を排除してしまうのは検索エンジンの目的からはずれますし、デザインも新しいほうが見やすく洗練されている場合が多いため、その後は修正されました。

ですから、古いサイトへの極端な優遇は今後もないと私は見ています。新規サイトとして2つ目はもちろん、3つ目以降もサイトをつくるようにしてください。これが急なアルゴリズムの変動にも耐えることにつながります。

### ▼自分でサイトを作成しよう

サイト作成は非常に安価にできるようになりました。第3章で概略を説明しましたが、あまりデザインにこだわらなければ、自分で作成するのも決してむずかしくはありません。

むしろ自分で作成するメリットは次のように非常に大きなものがあります。

・ローコストで済む
・サイトの追加、更新、変更がいつでもすぐにできる

・愛着がわくので心のこもったサイトにしやすい

経費を極力抑えようとすれば、ドメイン取得費、サーバーレンタル費だけを払うだけなので合計でも年間数千円のレベルでできてしまいます。

また、自前でのサイト作成は、経費が安いだけでなく二次的なメリットも大変大きいです。自分でサイトを作成すれば、ひんぱんに追加、更新、変更もできるため、日々変化するまさに活きたサイトにでき、そうすることでお客様の反応を見るなどの検証も積極的に行えます。外注の場合では、どうしても反映が遅くなりますし、修正回数が多ければ追加料金も請求されるので、ひんぱんな更新はできないものです。

もちろんホームページ作成業者に頼めば、すばらしいデザインのサイトは作成してくれるかもしれませんが、必ずしも成約に結びつくサイトを作成してくれるとはかぎりません。たしかにホームページのプロかもしれませんが、多くはマーケティングのプロではなく、また、すばらしいデザインのサイトが成約率の高いサイトでは決してないからです。

あなた以上の熱意であなたの商品を販売しようとする人はいません。ですから、自分が扱う商材は自分で試行錯誤して販売するという気概をぜひとも持っていただきたいと思います。

# 2 SEO業者の選び方

## ▼SEO業者選定のポイント

これまで解説したように、基本的にSEOは自分でできるものです。

ただ、労力をかけられない、時間を短縮したい、包括的にアドバイスがほしいなどの理由でSEOを行う業者が必要になる場合もあるかもしれません。そこでSEO業者の選定時には次のポイントを押さえてください。

・料金体系がリーズナブルか
・経営者または担当者の顔が見えるか
・対応が早いか遅いか
・サイトの事前チェックが的確か
・SEO以外での販売アイデアがあるか

## ▼まず料金体系を見る

料金体系はＳＥＯ業者を選定する際の最も重要なポイントです。

なぜなら、ＳＥＯには料金の基準がほとんどないため、料金自体もピンからキリまであるからです。料金体系には大きく分けると次の２つがあります。

・定額制
・成果報酬型

定額制ではあらかじめ一定金額の支払いが必要です。金額はリーズナブルな場合が多く、ある種の顧問契約のためにさまざまな相談にも乗ってもらえるし、一緒に問題を解決するといった一体感も生まれやすいものです。しかし一方で、成果報酬型と比べて成果が出にくかったり、成果を出すためにはさらに追加料金が必要になったりする場合があります。

これに対して成果報酬型ＳＥＯは、一定の成果が出た場合と出ない場合とで料金が異なります。

成果報酬型でも通常は着手金（前受け金）が必要ですが、着手金がない場合や、成果が出ない時には返金される場合もあります。いずれにせよ、成果が出なければお金にならず業者は上位表示に必死になるため、定額制と比べると成果は出やすいでしょう。しかし一方で、料金が異常に高かったり、質の悪いリンクが大量についたりするリスクもあります。

このように両者とも一長一短があり、どちらがいいかは一概にいえませんが、どちらかといえば初期段階のSEOでは定額制、一刻も早い上位表示には成果報酬型が向いているでしょう。

高すぎる料金の業者は最初から避けるべきです。特に単一キーワードであれば10位以内に入るのに月間数十万円から数百万円かかる業者も少なくありません。これだけの投資の回収を期待できるのは非常にかぎられた業種だけで、通常はかなりむずかしいものです。

また、料金体系が複雑な場合もなるべく避けたほうがいいでしょう。1日だけ順位が上がっただけで多額の料金が発生するとか、返金保証が消える場合もあるので要注意です。

「成果報酬」というと効率的に聞こえますが、なかには上位表示したら、とんでもない請求になる場合もあるので注意が必要です。

### ▼担当者の顔が見える会社に頼む

SEO業者の選定で次に重要なのは、担当者の顔が見えるかどうかです。

最悪の業者選定は、電話営業を受けて担当者や責任者が誰かもわからずその場で決めてしまうことです。お金を振り込んだ後に電話したら、最初の営業マンはすでに辞めていたということもあります。ですから、このように顔が見えない相手に頼んではいけません。

SEOの施策は手間のかかる単純作業以外は十分に一人でできるため、会社全体でやるものというより現場担当者レベルで行うものです。会社全体でやるとかチームでやるといえば聞こえはいいですが、それでは責任の所在が不明ですし、たとえ会社やチームで行うにしても窓口担当者は特定されていなければなりません。

特に初期の打ち合わせの際には、実際に会ってじっくり話をするのがベストです。もし、地理的、時間的事情などで直接会うのがむずかしい場合は、ウェブ上で顔写真を出しているかどうかも重要な判断材料になります。中途半端な気持ちや心にやましいものがあれば、ネットでも顔は出せないものです。

### ▼対応が早い業者かどうか

電話対応してもらえるか、メールでの質問にすぐに返信が返ってくるかも大切です。

電話対応が可能の場合には、実際に電話をして、誰があなたの担当者になるのか、その担当者はすぐに電話に出るか、あるいは折り返しの電話をもらえるかなどをたしかめてください。

メール対応では、メールで質問したらどれだけ早く返事が返ってくるかを試してみましょう。

顧客になる前から対応が遅ければ、顧客になった後はもっと悪くなるはずです。顧客対応の早さもＳＥＯの実力と関係があります。質問メールをして丸1日返事がなければメール不着の可能性もあるのですぐに再送します。もし、48時間以上も待たせるような業者なら見込みはありません。

**▼業者から事前にアドバイスをもらう**

料金体系がリーズナブルで担当者も信頼できそうだと判断した場合、次に必ず試してもらいたいのが、あなたのサイトに対する事前アドバイスをもらうことです。アドバイスの内容の良し悪しまではわからないかもしれませんが、業者の担当者の考え方や熱心さはわかるはずです。

その際に、これまでのあなたのＳＥＯ施策に対して批判する業者には気をつけてください。批判をすることによって自分への信頼を得て顧客にしようという営業マンもいるので、そのまま真に受けるのではなく、批判が真実かどうかを確認し、代替の施策として具体的にどのようなことをしてもらえるのかを聞き出しましょう。

**▼ＳＥＯ以外のことも聞いてみる**

ＳＥＯ業者と接触したら、欲をいえばさらにＳＥＯ以外の集客アイデアなども尋ねてみましょう。相手はあくまでＳＥＯの専門家なので、それ以外のことはほとんど知らないかもしれません。ＳＥＯの結果さえ出せればほかのことは無関係というのもひとつの考え方ですが、やはりマーケティングやリスティング広告、サイト作成など周辺知識もあればいいのは間違いありません。また、優秀な担当者の多くは周辺知識も詳しいものです。

ＳＥＯをより効果的に行うためにも、より顧客に利益をもたらす仕事をするためにも、ＳＥＯだけの範疇でしか考えられない担当者は十分な能力があるとはいえません。ビジネス全体のなかでのＳＥＯの位置づけや、ほかの集客手法との効果比較や予想、あるいは反応を高めるためのアイデアなどがあるほうがいいでしょう。

## ▼「過去の実績」で決めるのは最悪

ＳＥＯの業者を選定する際に非常に多いのが「過去の実績」を基準にすることです。しかし、これは絶対にやめてください。繰り返しますが、ＳＥＯの過去の実績ほど当てにならないものはありません。ＳＥＯの世界では顧客獲得の競争が激しいため必死であればあるほど誤ったセールストークも出ますし、高額の歩合給を営業マンに支払う業者もあるのでなおさらです。仮にウソではないとしても、上位表示されたのは実は業者の力ではない場合もあります。

特にサイトオーナーがあれこれ施策を行っている場合は、しばらくたってからその効果が出てきたとも考えられます。また、たまたまアルゴリズムの変化によって上位表示しただけかもしれません。

業者の自己評価を鵜呑みにして実績最優先で考えることはやめましょう。過去の実績はその業者がこれまでどんな分野やキーワードの施策をしたかという参考程度です。

私の経験からいえば、サイトや資料で派手な実績を語っている業者ほど実際には成果を上げられないものです。

# 3 SEOの潮流を予測する

### ▼すぐに効果がなくなる実例

SEOの実施で大切なのが、「先を読む」ということです。

すぐに上位表示したいという欲求から、いま効果があるものばかりを追いかけて裏技的手法を行う人が多くいます。しかし、その手法が将来的には通用せずに、多くの場合は一瞬の効果だけで、むしろその後はスパム判定さえ受けるようになるものです。

大切なのは先を読んだ強いSEOです。今後の予想のためにも過去の事例からの教訓を少し振り返ってみましょう。

**○キーワードを多く入れれば入れるほど上位表示される時期があり、無意味に繰り返したり、白地に白い文字でキーワードを入れたりするなどのごまかしが行われた。**

↓この行為は完全にスパム要因となり、ペナルティの対象となりました。

○相互リンクに効果があるとして流行った。なかには社員数名で相互リンク集めだけを行い、リンク集ページを数十ページ、数百ページと作成する会社も出た。
↓効果が薄くなるだけでなく、あまりに多すぎる場合はスパム判定されるようになりました。
○ソーシャルブックマークからのリンクの効果が高いとして、リンク登録が流行った。
↓検索エンジンの対象から外す対策（no follow）が発リンクに施されて無効になりました。
○一方的リンクを数多く集めると効果があるとして、YOMI-SEARCHなどのあらゆる中小検索エンジンへの登録が流行った。
↓質の低い検索エンジンやサイトからの被リンクはカウントされなくなっただけでなく、似たような被リンクばかりが多すぎると上位表示できなくなりました。
○日本語ドメインが上位表示に有効であると一大ブームになった。重要キーワードは先に取得しないと手遅れになると、自社の関連語のドメインを大量に取得する人が増えた。
↓効果がなくなり、むしろ日本語ドメインは人気がなくなってダンピングされる始末です。

## ▼サイトの善し悪しと関係ないところでがんばらない

これらの経緯をたどると、サイトの良し悪しとは無関係のところでがんばってもダメなことがわかります。検索エンジンは良質のサイトを上位表示させようとして、莫大なコストをかけてアルゴリズムの改良を行っています。だから、たとえいま効果があったとしても、サイトの質と無関係であればいずれは効果がなくなる可能性が高いということです。

ちなみに、これらの例のなかで私が実行したのは最低限の相互リンクを行った程度で、ほかのどれにも興味を持つことはありませんでした。常に中長期を見据えたＳＥＯを求めたことが、私が最速のＳＥＯを身につけた一番の理由だと思います。

## ▼オールドドメインは効果がなくなる

いま効果があるオールドドメインは、将来どうなるでしょうか。

第３章でも説明しましたが、オールドドメインはコンテンツとは無関係に以前ドメインを使用した人のサイトの効果が引き継がれているだけです。ドメインの名前だけで高評価になるのは検索エンジンの意図からはかけ離れていて、効果があるほうが不思議なぐらいです。したがって、いずれ効果はなくなるでしょう。逆にオールドドメインを利用しているためにスパムになるかといえば、オールドドメインという理由だけではスパムにならないでしょう。

オールドドメインの場合、短期的なメリットがあるのはたしかです。ですから、私は通常の価格であれば取得しています。

### ▼IP分散を過信するな

今後はIP分散に関して、より高度な分析がされると思います。

現在、「IPを完全分散」と謳っていたり、ひとつのサーバー会社がたくさんのIPを保有していたりしますが、DNSサーバー（ドメインとサーバーをつなぐサーバー）はほとんど同じです。したがって、検索エンジンがDNSサーバーの状況まで区別しはじめたら、その理由だけで大きな順位変動が起こる可能性があります。

さらにはサーバー国籍の問題もあります。日本のサーバーで、日本語で作成されたサイトなのに、被リンク元サーバーが外国の一国に集中しているのは不自然です。今後、サーバー国籍の分散度も評価対象になる可能性があります。

### ▼ビジュアルを取り入れよう

マンガや動画、アニメなどを利用した、ビジュアルに訴えるタイプのサイトの人気が高まっています。そういったサイトは自然にリンクが集まり上位表示されやすいものです。

しかし、現在の検索エンジンでは文字情報しか読み込めないために、ビジュアル系のサイトを実際より低く判断していると思われます。

しかし、これまで述べたように被リンクはかなり操作できるため、画像や動画などの人気コンテンツにも高評価を与える基準を持たないと公平な評価にはなりません。そういった意味では、動画が用いられているサイトに特別の評価を与えるアルゴリズムができる可能性がありま す。何もすべての動画が良質とはかぎりませんが、一般的にはわかりやすいサイト、頼りになるサイトである場合が多いといえるでしょう。

また、漫画やアニメはほかのバナーと区別はつけられませんが、このような画像が入っているときれいでわかりやすい場合が多いといえます。ですから、今後は画像に関してもある程度の高評価を与えて、逆に文章だけのサイトはむしろ評価を下げるかもしれません。

ＳＥＯの目的というよりは、サイトの魅力を高めて成約率を上げるために、ぜひともこれらビジュアルコンテンツをあなたのサイトにも取り入れましょう。

# 4 検索エンジン至上主義をやめる

## ▼自社で優良リンクの構築をする

現在のSEOはヤフーカテゴリー登録の有無がかなり大きな意味を持っています。たしかに、信頼できる良質のサイトという意味では、その信頼度は群を抜いているといっていいでしょう。ただ、このようなヤフーの寡占化は決して健全とはいえません。なぜなら、サイトの良し悪しがヤフー1社の考え方に委ねられてしまうからです。たとえば、このサービスが今後値上げをしたり、審査が厳しくなったりした場合に、小規模な会社にとって資金的負担が厳しくなる恐れもあります。実際にヤフービジネスエクスプレスでは、5万円台の登録料金が一気に3倍の15万円台まで引き上げられる業種がどんどん増えています。

私が今後期待するのは、ヤフーカテゴリー登録に代わるような存在です。

本当に良質なリンク集で、人々から頼りにされるようなサイト、ヤフカテを追随する存在の出現が待たれます。もしそういったサイトで将来に期待が持てるサイトをみつけたら、人気が出て審査が厳しくなる前に登録しておくことをおすすめします。

さらにいえば、リンク集は自社で作成するのが一番です。ジャンルをしぼるのもかまわないですし、得意分野だけなら独自のユニークな基準で選定がすぐにできます。もし大手検索エンジンから、このサイトからリンクされているサイトは良いサイトであるという評価が得られるようになれば、誰もが登録したい人気サイトになります。

## ▼検索エンジンは神ではない

ＳＥＯに誤解が多い背景には、グーグルやヤフーに対するある種の畏敬の念、もしくはコンプレックスがあることが挙げられると思います。

グーグルは世界に名だたるＩＴ系ナンバーワン企業。いずれ世界のあらゆる情報を握って強大な権力を持つとか、グーグルが神であるかのような言い方をする人までいます。さらに最先端の技術で開発された便利なソフトを無料で利用できることから、企業イメージも良いと思います。

また、ヤフーはアメリカではグーグルに大きくシェアを奪われていますが、日本ではまだ圧倒的な人気があります。トップページにニュースをはじめとしたあらゆるメニューが並んだ画面に慣れ親しんだ人は多いでしょう。無料で利用できるサービスも充実しており、会社に対する信頼性や親しみも高いといえます。両社は共通して「高い技術により生活を豊かにしてくれる」と好意的に受け入れられている企業だと思います。

しかし、ちょっと待ってください。

たしかに、グーグル、ヤフーとも画期的ですばらしい企業です。しかし、そのことと検索エンジンのポリシーが正しいかどうかはまったく異なるのです。

### ▼グーグルの矛盾

ＳＥＯの話では、手法についてブラックとかホワイトなどと語られることがよくあります。グーグルやヤフーの定義に違反した方法を「ブラック」（またはブラックハット）、許されていることを「ホワイト」（またはホワイトハット）と呼ぶのですが、いつのまにかその言葉が独り歩きをして、ブラックといえば悪事を行ったかのように解釈されるようになりました。

これはグーグルやヤフーの提唱が正しく、それ以外は間違っていると考えている証だと思います。しかし、これはよく考えてみるとおかしな話です。グーグルもヤフーも一民間企業。第一の目的は利益を上げることに変わりはないはずです。

倫理的にすばらしいことと、利潤の追求に矛盾がなければいいのですが、そうでない時は利益を優先することがあっても不思議ではありません。実際にグーグルの企業理念は、「人類が扱う情報のすべてを検索可能にする」ことですが、中国では中国政府の嫌うコンテンツの排除に協力しました。それでアメリカ国内では「結局金儲けのためなら自由主義に反することでもやるのか」と大きな批判を浴び、検閲問題も絡んで撤退問題にまで発展しています。

ほかにも「ブックサーチ」では著作権問題を、「ストリートビュー」ではプライバシーの問題を引き起こしています。

また、グーグルの広告サービスである「アドセンス」（アフィリエイトの一種）では規約違反を理由として、アカウント削除がひんぱんに起こっていますが、その一方的で強引な手法には大きな批判が巻き起こっています。削除の際に、どのサイトが問題で、何が理由なのか明確な説明は何もありません。

私自身、４年以上続けてきたアカウントが、まったく理由もわからないまま1通の通告メールだけで削除されてしまいました。

### ▼ヤフーの矛盾

ヤフーでは、自社の関連サイトが上位表示されるように検索エンジンの仕様を変えてきています。そのため、検索結果にヤフー知恵袋やヤフーショッピング出店サイトや提携サイトなどが目立つようになりました。もちろん、これが優良なコンテンツであれば何も問題はありません。

しかし、ヤフー知恵袋では一般ユーザーが質問して一般ユーザーが答えるのが基本です。最良の回答が一番上に掲載されますが、それを決めるのは質問者です。いわば素人が質問して素人が回答し、素人が回答を評価したものです。実際に回答に根拠がなかったり、昔の情報だったりということも見受けられます。ヤフーショッピングへの優遇も公平ではないと思います。

## ▼あなた自身の評価基準を持つ

私たちがSEOを行う際に、ひとつの基準としてグーグルやヤフーのルールを知っておく必要はありますし、原則的に規約に沿った施策を行うべきです。また、どういうことをすればペナルティを受けるかも知っておくべきです。しかし、評価基準も規約も常に変わりますし、それを絶対視する必要はありません。

グーグルが嫌うことを憎み、推奨していることを賞賛するだけでは進歩がありません。検索エンジンとは仲良くするべきですが、奴隷になってはいけません。そうでないと、サイト運営のすべてが検索エンジン次第となり主体性のないものになってしまいます。

大切なのは細部の問題よりも、検索エンジンの目指している、より良いサイトを上位表示させるという目的に沿うことです。ある程度経験を積まれた読者なら、どのようなサイトが良いサイトで、どんなサイトが良くないサイトかがわかるはずです。世のなかにあるすべての言葉を一律基準で価値判断している検索エンジンよりも、しかるべき人間による判断のほうが正確なはずです。ですからあなた自身の評価基準を持つべきなのです。

## ▼検索エンジン至上主義はやめよう

少し見方を変えてみましょう。

私たちは自分の経費と時間を使いサイトを作成しており、検索エンジンからは1円も出してもらっていません。それにもかかわらず、検索エンジンは私たちのサイトを常に利用して商売をしているとも考えられます。また検索エンジンにとって価値あるサイトは大歓迎の存在で、もし無価値のサイトばかりが検索結果に表示されたら、検索エンジン自体の価値がなくなります。

もし、閲覧される価値のあるサイトを作成した、とあなたが自信を持っていえるのなら、検索エンジンに対して卑屈になってはいけません。思わぬ低評価であれば「なぜ評価できないのか。性能に問題があるのではないか」と考えてもいいでしょう。

また、仮にスパム判定を受けたとしても、それはあくまでその検索エンジンのアルゴリズムによる結果にすぎなく、その事実だけを持ってスパムサイトと考えるのはおかしなことです。

自信のあるサイト作成という前提はありますが、検索エンジン至上主義はやめましょう。

## ▼SEO業者は質の低いサイトの依頼を断わるべき

検索エンジン至上主義はSEO業者のなかにもあります。

私は決してヤフーやグーグルに逆らうことを推奨しているのではありません。しかし、いまの定義やルールに振り回されて、まるで法律のように厳格に解釈したり、先回りして拡大解釈したりしても結局スパムになることもあり、どれほどの価値があるかが疑問なのです。

むしろ、ヤフーやグーグルの推奨ルールに厳密なあまり、顧客に費用対効果の見合わない料金を払わせているとしたら問題です。もしヤフーやグーグルにとってのプラスしか考えていないような会社なら、顧客からお金をもらう資格はありません。

さらにいえば、もし依頼を受けたSEO案件のサイトが、上位表示にふさわしくない質や内容であれば、そもそも依頼を断るか、またはサイトの改善を具体的にアドバイスして改善されてから依頼を受けるべきだと思います。

質の低いサイトを上位表示したとしても成約には結びつかず、依頼主にとっても余計な期待を抱かせ余計な出費をさせることにつながり、検索エンジンの利用者にとっても不利益となります。

## 5 検索エンジンの将来はどうなる

### ▼評価基準にアクセス数も取り入れる時がやってくる

今後の検索エンジンの評価基準として、アクセス数や閲覧時間も評価のひとつに加えるべきだと思います。人々が見たくなるサイト、魅力のあるサイトは上位表示されなくてもアクセス数は多いですし、閲覧時間も長いはずです。

またＩＰアドレスがわかれば、人気度もかなり正確に測れると思います。上位表示すればアクセス数は多くはなりますが、上位表示しているなかでも、題名やサイト説明文によってはアクセス数に違いがあるはずで、その違いも人々が見たくなるサイトがどうかの基準になります。もちろんアクセス数だけを絶対視はできませんが、それはほかの評価要素も同じことです。

### ▼検索エンジンの将来

検索エンジンの性能が向上したのは事実です。しかし今後だれもが納得できる性能になるかというと、そうではないと思います。将来にわたって考えても、あらゆるキーワードを一律の基準で判定するいまの検索エンジンのシステムでは限界があります。実際、それぞれのキーワードだけでも検索者の特徴は異なり、求めている情報の性質も異なるはずです。

たとえば趣味のキーワードでは、より個性的な情報やサイトを知りたがり、学術用語では用語解説や歴史的経緯などの文字情報の多いサイトを求めるでしょう。

だったら、キーワードによってそのキーワードに適したアルゴリズムを用意できるかというとこれまた極めてむずかしいといえます。キーワードとなる言葉はそれこそ無数にあり、それぞれどんな属性の人が調べるキーワードかをカテゴリ分けするのは不可能だからです。

それでは、今後の検索エンジンはどうなるか、またはどうなるべきでしょうか？

今後の検索エンジンの進化は、「人の目をたくさん使って、その判断を順位に反映させる」ことと、「検索者の意図を的確に汲み取って反映する技術の開発」の２つの方向性が考えられると思います。

前者についてはグーグルのポリシーから考えても可能性は低いように思いますが、ヤフーでは昔からカテゴリ登録で専門のサーファーがいますし、検索数の多いキーワードに対して人間の判断を順位に反映させることは十分に可能です。人の目で順位づけも行うことをアピールするだけでも、ユーザーが増えるのではないかと思います。

## ▼先を行くアメリカのビング（Bing）検索

ただ、いままでの検索エンジンの進化の流れから考えると、可能性が高いのは、後者の「検索者の検索意図を的確に汲み取れる技術の開発」でしょう。

２００９年に登場したアメリカのマイクロソフトの検索エンジン「ビング（Bing）」は、検索者の意図を読むべく、検索結果の表示時に関連語の一覧表示を充実させました。日本のグーグルやヤフーでも関連語は出ますが、あくまで検索語を含む言葉を検索数の多い順に表示しただけです。

しかしビングは検索語を含まなくても関連した言葉を表示するようになり、検索者に役立つ情報を提供しようとする意図が感じられます。たとえばビングで「TRAVEL」で検索すると、結果表示の横に「Travelocity」「Orbits」「Cheap Tickets」「Expedia」「Travel Package」などのリンクが表示されます。

「Travelocity」「Orbits」「Expedia」は旅行会社の予約時に、「Cheap Tickets」と「Travel Package」は旅行のための安いチケットやパックツアーを探す人のために役立つキーワードですが、これらのリンクをクリックするとそれらのキーワードの検索結果が出ます。

また、会社名で検索すると、その会社のサポートセンターの電話番号が表示される場合があります。これは会社名で検索する人は、その会社に直接電話連絡をとりたい人が多いというユーザー目線に則したものといっていいでしょう。

### ▼広告の出ない検索エンジンも出る!?

今後は、このような流れが加速して、できるだけ検索者の意図に忠実に答えられるよう、検索意図をカテゴリ分けすると思います。たとえば次のようなカテゴリが考えられます。

・趣味のサイトを検索する人
・学術など知識を得たい人
・商用サイトを探す人
・同じ商用でも個人向けと企業向け
・有名人のブログやホームページを探す人
・現在のニュースを探す人、過去のニュースを探す人

そのためには、たとえば純粋に知識を得たい人には商用サイトが出ないようにして、画面上部にあるような広告も出ないようにするべきでしょう。そこまで徹底すれば、検索エンジンもさらに信頼されるような存在になるかもしれません。

# 6 SEOは多数と信頼関係を築くことが大事

## ▼同じ目的を持った仲間を持つ

最後に、最速かつ中長期で通用するＳＥＯを行うのに不可欠な要素についてお伝えしておきます。それは同じ目的を持った仲間をつくることです。

ネットの世界では、サイトやメールを通じて多くの仲間をつくり、多くの情報を得られます。実際、ＳＥＯに必要な情報やツールもその多くはネット上で調達できます。

しかし、逆にいえばこれは誰もができることなので、それだけではほかのサイトと差をつけることはできません。ネットに氾濫する不特定多数による情報はおのずと限界があります。

インターネットの検索は、世界的な大企業と個人サイトがやりようによっては対等に戦える画期的な場ですが、孤立した個人ではやはり太刀打ちできません。

同じ目的を持ったもの同士が協力して質の高い情報を共有し、スキルの底上げを行い、足りない面を補いあってこそ戦えるのです。そのためには顔を合わせて話し合える仲間が不可欠になります。

### ▼セミナー、講演会に参加する

仲間をつくる方法としては、ＳＥＯ関連のセミナーや講演会への出席や団体への所属が考えられます。セミナーに参加し、講師や出席者と人脈を広げることからはじめましょう。

セミナーでは終了後に懇親会が開かれる場合があります。そのような懇親会があれば必ず出席して、多くの人と名刺交換をして、ＳＥＯの情報交換をすることをおすすめします。

重要な情報や最新のノウハウ、ビジネスのヒントというのは実際に会っている仲間の会話のなかから出てくるものです。検索エンジンは大手企業のサイトを優遇して上位表示するようになってきていますが、中小企業の会社が協力しあえることもたくさんあるはずです。

私が所属する「社団法人全日本ＳＥＯ協会」（http://www.zennihon-seo.org/）は、ＳＥＯの専門家が定期的に集まって最新情報を交換して常にブラッシュアップしています。会員になるのは有料ですが、独自開発の有益なソフトを入手できると同時に、同じ目的を持った仲間をつくる貴重な場になるでしょう。

巻末特別付録

# 『検証が語るSEOの真実』

## SEOの常識を変える検証実験を大公開

１００の意見よりひとつの事実。実際に起きた事実は何よりも重いものです。ここでは特別付録として私が２００９年7月から12月までに実験した検証結果を掲載します。

厳密にいえば、検証項目以外のあらゆる条件を固定して、該当項目だけを変えて確認しなければ完璧な実験結果は得られません。しかし、検索エンジン側の条件を制御することは私たちには不可能なため、信頼性のある検証がなかなかできません。

しかし、１００パーセントとまではいえなくても、判定に必要なほとんどの条件を制御できる場合もあるため、ここでは信頼性が高い検証結果だけを掲載します。もちろん、できる限り検証の詳細を開示し、導かれた結論がどこまでの信頼性か、また不確定要素についても紹介します。

今回の検証実験については紙面の都合により一部しか掲載できないので、私の検証ウェブサイト（http://www.jfaa.info/）にすべての検証方法と結果を掲載します。ぜひご参照ください。

なお、ここでいう「被リンク元順位」は、被リンク元の重要度の順位という意味です。この前提に立ち、ヤフーの検索窓での「link:URL」の入力結果を「被リンク元順位」と呼んでいます。

## 検証実験① 「一方的リンクと相互リンクでのSEO効果の違い」を検証する

被リンクを受ける場合、一般に「一方的にもらうリンクのほうが相互リンクよりもSEOの効果が高い」といわれています。

その理由として語られるのが「相互リンクはサイトの良し悪しとは無関係で、ただのリンクの交換にすぎない。それに対して一方的リンクでは相手が内容を気に入った優良なサイトだけに行われるから、より高く評価される」という説です。

こうして一方的リンクは優良サイトとして高評価されるという話や、さらに相互リンクは効果が低いどころか「効果なし」という話も一部で信じられるようになりました。

そこで、この検証では、本当に相互リンクには被リンクの効果がないのか、もし効果があるのなら一方的リンクと比較してどの程度効果があるのかを検証しました。

### ▼検証実験①の手順

まず、「サイトA」から「サイトJ」まで、内容に関連性がなくドメインも異なるサイトを全部で10サイト用意します。そしてリンクを次のように張ります。

○「サイトA」のトップページで、ほかの「サイトB〜J」の9サイトへのリンクを張る
○「サイトB」から「サイトE」までのトップページで、サイトAと自サイトを除いた8サイトへのリンクを張る
○「サイトF」から「サイトJ」のトップページで、自サイト以外の全サイトへリンクを張る

結果的にこれらのサイトは次のような状態になります。

○「サイトB、C、D、E」は、サイトAから一方的リンクをもらっている状態
○「サイトF、G、H、I、J」は、サイトAと相互リンクの状態
○「サイトAを除くすべてのサイト」はそれぞれ相互リンクの状態

これらの条件で一斉にリンクし、一定期間後、ヤフーでどのような被リンク重要度になるか、その順番を確認しました。

実験は2009年8月14日にリンクを開始し、同月22日に被リンクの順位を確認しています。

検証実験①「一方的リンクと相互リンク」

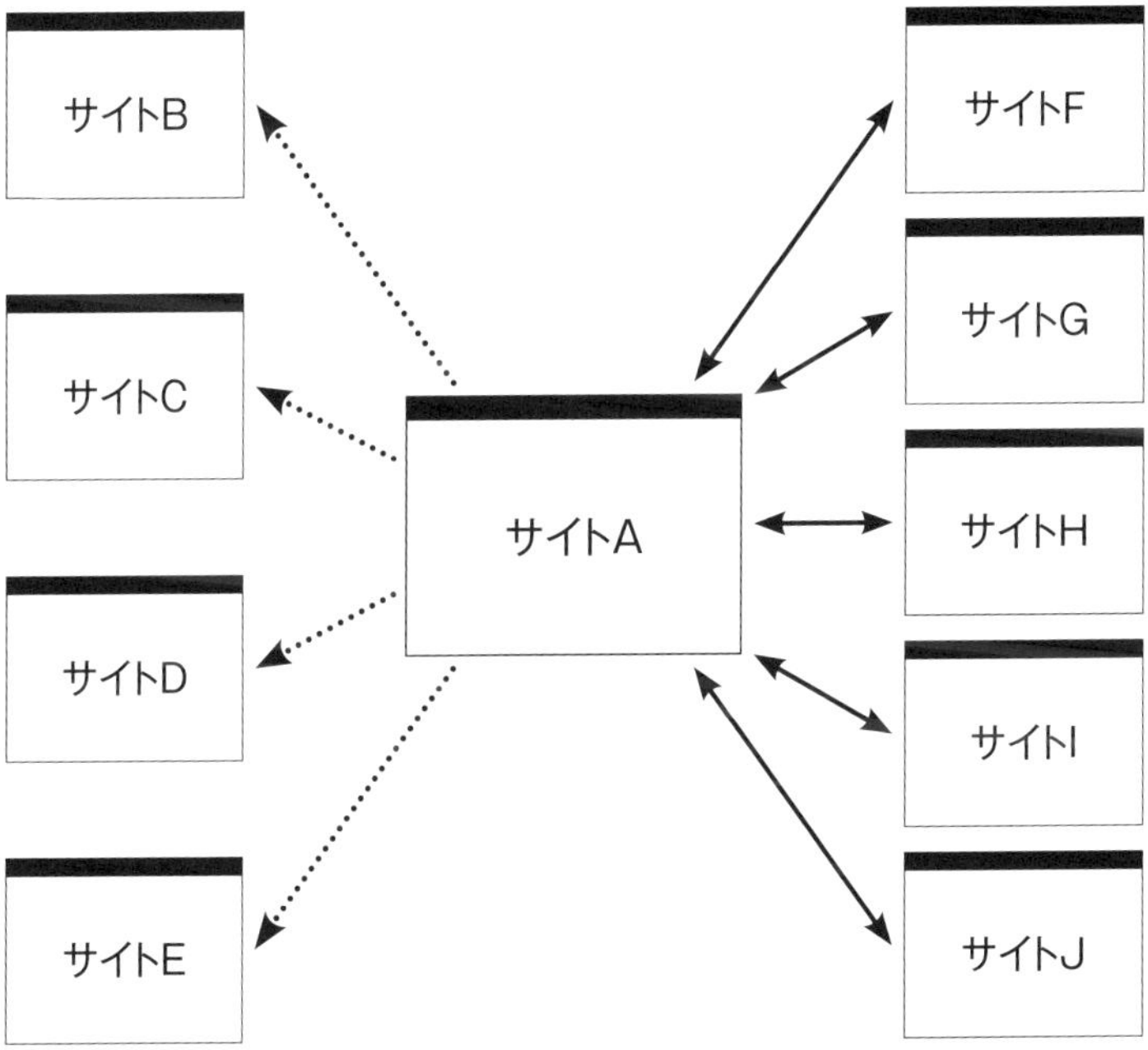


サイトB～Jはすべて相互リンク

## ▼検証のポイント

「サイトF～J」は、サイトAと相互リンクの関係にあります。したがって、もし本当に相互リンクに効果がないとすれば、それらの被リンク元としてサイトAは認識されないはずです。また、相互リンクに効果があっても、一方的リンクのほうがより効果が高いとすると、相互リンクの「サイトF～J」よりも一方的リンクの「サイトB～E」のほうが、サイトAからの被リンク重要度がより高いはずです。

## ▼検証実験①の検証結果

被リンク元の順位は、サイトごとに並べると次のようになりました。

○サイトAからの一方的リンクを受けたグループでの被リンク元順位

・「サイトB」の被リンク元順位　E→F→A→H→J→G→C→D→I→B
・「サイトC」の被リンク元順位　I→F→A→H→C→J→G→D→B
・「サイトD」の被リンク元順位　I→F→A→H→J→G→C→D→B
・「サイトE」の被リンク元順位　I→F→A→H→E→J→G→C→D→B

○サイトAからの相互リンクのグループでの被リンク元順位
・「サイトF」の被リンク元順位　F→A→H→J→G→C→D→I→B
・「サイトG」の被リンク元順位　E→I→F→A→H→J→G→C→D→B
・「サイトH」の被リンク元順位　E→I→F→A→H→J→G→C→D→B
・「サイトI」の被リンク元順位　E→I→F→A→H→J→G→C→D→B
・「サイトJ」の被リンク元順位　I→F→A→H→J→G→C→D→B

**▼検証結果の解説**

まず、相互リンクされた「サイトF」から「サイトJ」までの5つのサイトすべてでサイトAが認識されています。これは相互リンクにおいても被リンク効果があることを表しています。

次に被リンク元順位について、一方的リンクを受けたグループでは、サイトAの評価は4サイトすべてが3位になっています。

これに対し、相互リンクのグループでは2位と3位のサイトがひとつずつです。これだけで判断すれば、一方的リンクのほうがサイトAの評価が若干高く、効果があるようにも見えます。しかし、「サイトG、H、I」では、サイトEの評価がほかのサイトよりも特別に高いために、結果としてサイトAが4位になったと考えられます。

そもそも「サイトC、サイトD」においては、サイトEが認識すらされていないので、サイトEの認識と評価の差によってサイトAの順位の差が出たと判断できます。

### ▼検証実験①「一方的リンクと相互リンクでのSEO効果の違い」の結論

相互リンクに被リンクとしての効果はあり、相互リンクと一方的リンクの比較でも特段に差異はありません。

一方的リンクのほうがより効果があった場合でもごくわずかな差でしかなく、「一方的リンクのほうが相互リンクよりもSEOの効果がある」というSEOの常識は誤りだといえます。

## 検証実験②　「内容に関連したサイトからのリンク効果」を検証する

被リンクを受ける場合、一般的に「内容（テーマ）が関連したサイトからのリンクのほうが、関連のないサイトからのリンクより効果が高い」といわれています。

その理由として語られるのが、「関連したサイトからリンクされたサイトは同業者からの信頼もあると考えられるが、関連のないサイトからのリンクは信頼性が低い」という説です。

そこでこの検証では、関連テーマのサイトからのリンクと、関連のないサイトからのリンクの効果に本当に差があるのか、もし差があればどの程度異なるのかを検証しました。

**▼検証実験②の手順**

まず「サイトＡ」から「サイトＮ」まで、それぞれ次のテーマの14のサイトを用意します。各サイトにはタイトルと記事に、それぞれのキーワード「ＦＸ」「転職」「レーシック」を入れてあります。また記事部分にはキーワードを複数回入れました。

○用意したサイト

・FXサイトA、B、C、D、L、M、N

・転職サイトE、F、G、H
・レーシックサイトI、J、K

これらのサイトを次のようにリンクしました。

○レーシックサイト（I、J、K）に、無関係のFXサイト（A、B、C、D）と、転職サイト（E、F、G、H）をリンクする
○FXサイト（L、M、N）に、同じテーマのFXサイト（A、B、C、D）と、無関係の転職サイト（E、F、G、H）をリンクする

結果的にこれらのサイトの関係は次のような状態になります。

○FXサイト（A、B、C、D）は、同じテーマのFXサイト（L、M、N）と、無関係のレーシックサイト（I、J、K）からリンクを受けている
○転職サイト（E、F、G、H）は、無関係のレーシックサイト（I、J、K）と、FXサイト（L、M、N）からリンクを受けている

これらの条件で一斉にリンクし、一定期間後、ヤフーでどのような被リンク重要度になるか、その順番を確認しました。

実験は2009年8月14日にリンクを開始し、10月6日に被リンク順位を確認しています。

**▼検証のポイント**

関連サイトからのリンク効果が高ければ、FXサイト（A、B、C、D）にとって被リンク重要度は同じFXサイト（L、M、N）のほうが高く、レーシックサイト（I、J、K）は相対的に重要度が低いはずです。

また、FXサイト（L、M、N）の被リンク重要度は、同じテーマのFXサイト（A、B、C、D）より転職サイト（E、F、G、H）のほうが低いはずです。

**▼検証実験②の検証結果**

サイトごとに、ヤフーの被リンク元順位で次に並べました。

- 「FXサイトA」の被リンク元順位……………I→L→N→M→J→K
- 「FXサイトB」の被リンク元順位……………J→I→L→N→M→K

・「FXサイトC、D」の被リンク元順位……………J→I→L→M→K
・「転職サイトE、F、G」の被リンク元順位……J→I→L→N→M
・「転職サイトH」の被リンク元順位…………I→L→N→M

### ▼検証結果の解説

FXサイトA、B、C、Dの被リンク重要度では、同テーマのFXサイト（L、M、N）と無関係のレーシックサイト（I、J、K）とで大きな差はなく、平均するとほぼ同等でした。

また、別のFXサイト（L、M、N）の被リンク重要度では、同テーマのFXサイト（A、B、C、D）と転職サイト（E、F、G、H）に違いは見られませんでした。

関連サイトも無関係のサイトも、被リンク重要度の順位はほぼ同じだったため、リンク効果もほぼ同等という結果となりました。

### ▼検証実験②「内容に関連したサイトからのリンク効果」の結論

被リンクにテーマの関連性はほぼ無関係という結果は、SEOを勉強している読者ほど驚かれるかもしれません。しかし、私の経験からするとまさに予想どおりです。

ヤフーは関連サイトからのリンクを重視していると常識のようにいわれますが、そのような事実を示す根拠はまだありません。いまのところヤフーでは関連サイトか否かを判別する技術が足りないのかもしれません。しかし、関連サイトからのリンクを重視するのは合理的な判断なので、技術が進めばリンク重視の考え方も取り込まれてくると思います。

一方、グーグルはサイトの記事内容を把握する技術が進んでいるので、関連サイトからのリンクに効果がある可能性は高いといえます。

少なくとも、ヤフーにおいては関連サイトからのリンクに絶大な効果があるとか、関連しないサイトからの被リンク効果が著しく低いという説は誤りだといえます。

## 検証実験③「IP分散による被リンク効果」を検証する

被リンクを受ける場合、「リンク元サイトのサーバーIPを分散したほうが、分散されないよりも効果がある」といわれています。さらに、「同じIPのサイトからたくさん被リンクを受けていると、そのほとんどは認識されず、最悪はスパムリンクになる」ともいわれます。

その理由に「自然に獲得したリンクは不特定多数のためにIPが分散されているはずで、分散されていないリンクが多いのは自作自演の可能性が高くなるから」という説があります。もしその説が正しければ、同じIPからたくさんリンクを受けると、それらのリンクへの評価は低くなるか認識されなくなり、逆に分散されたIPからのリンクは高く評価されるはずです。

そこで、この検証実験では、同じIPからのリンクと、分散されたIPからのリンクで、リンクの評価に差異が出るかどうかを検証しました。

### ▼検証実験③の手順

まず、次のように計18サイトを用意します。

○用意したサイト
・サイトA1、A2、A3、A4、A5、A6、A7
・サイトB1、B2、B3
・サイトC1、C2
・サイトD、E、F、X、Y、Z

これらのアルファベットが同じサイトは同じサーバーIPを表しています。つまりアルファベットA、B、C、D…の単位はそれぞれ異なるIPですが、A1からA7までのグループ、B1からB3までのグループ、C1とC2のグループの各グループ内のIPは同じです。

そして、サイトX、Y、Zに対し次のようにリンクを張りました。

○サイトXに「サイトA1～A7、C2」からリンクを張る
○サイトYに「サイトA4～A7、B1～B3、C2」からリンクを張る
○サイトZに「サイトA6、A7、B2、C1、C2、D、E、F」からリンクを張る

これらの条件で一斉にリンクし、一定期間後、ヤフーでどのような被リンク重要度になるの

か順番を確認しました。実験は２００９年9月12日にリンクを開始し、10月7日に被リンクの順位を確認しています。

### ▼検証のポイント

「サイトＸ」は８サイト中７サイトがすべてＡグループの同一ＩＰになっていて、同一ＩＰからのリンクに偏っています。

これに対し「サイトＺ」はリンクされた８サイト中、同一ＩＰの「サイトＡ６、Ａ７」の２つ、Ｃグループが２つで、そのほかは完全に分散されています。

「サイトＹ」はＩＰ分散度でＸとＺのほぼ中間になります。

もしＩＰ分散が効果的であるなら、「サイトＡ６」と「サイトＡ７」からのリンクは評価が高い順に、サイトＺ、サイトＹ、サイトＸの順番で評価されるはずです。

### ▼検証実験③の検証結果

サイトごとにヤフーの被リンク元順位を並べました。

・「サイトX」の被リンク元順位……A7→A6→C2→A5→A3→A2→A1→A4

・「サイトY」の被リンク元順位……A7→A6→C2→B2→B1→A5→B3→A4
（当初被リンク数26、総被リンク数100）
・「サイトZ」の被リンク元順位……E1→C1→A7→A6→C2→B2→F1→D1
（当初被リンク数14、総被リンク数28）
（当初被リンク数19、総被リンク数46）

**▼検証結果の解説**

サイトA6とA7への評価は、サイトX、Y、Zともに差はありませんでした。サイトZではE1とC1の順位が高いですが、これらはサイトXとサイトYにはリンクを張っていないので、評価順位とは無関係で、除外して考えることができます。同様に、B2への評価もサイトYとサイトZで差は見られませんでした。

全体で見ても、サイトX、Y、Zで、それぞれの被リンク元順位に違いはありませんでした。

**▼検証実験③「IP分散による被リンク効果」の結論**

被リンク元のIPを分散した場合と分散していない場合の結果は同じでした。つまり、IP分散の効果は変わらないということになります。

特に注目すべきなのは、サイトXへ同一ＩＰからのリンクを7つも張ったのにもかかわらず、悪影響が出なかったことです。この程度の絶対数では無関係なのか、サイトXの全体被リンク数26中の7つだけだからなのかは不明です。しかし、この程度の数であればＩＰに対して神経質になる必要はありません。

結論として、「ＩＰ分散されていないリンクは認識されず、スパムリンクになる」という説は誤りだといえます。

## 検証結果を尊重するが過信しない

これまでの検証結果で、ＳＥＯの常識のような話がどれだけ不確かなものかをご理解いただけたと思います。検索エンジンは、基本的にはシンプルに動いているものなのです。

ただし、一方で検証結果を過信しすぎてもいけません。

これらの結果は私の検証時に使われた一時のアルゴリズムなのかもしれませんし、それこそいまこの瞬間からすべてが変わる可能性もあるからです。

したがって、この検証結果に対して、現実として起きたことは重く受け止めながら、それを踏まえて今後の変化を予測していくことが必要です。

それでは、いまある誤解とその修正ポイントを検証結果から次に具体的に挙げてみます（これらはあくまでヤフーでの検証結果についてのものです）。

○一方的リンクのほうが相互リンクよりも効果がある。さらに、相互リンクは効果がないかスパムになる。

↓効果に差は見られません。

○無関係なサイトからのリンクよりも、関連サイトからのリンクのほうが絶大な効果がある。
↓効果に差は見られないし、スパムにもなりません。

○ＩＰ分散されたサイトからの被リンクのほうが効果は高く、分散していないとスパムになる。
↓７サイト程度であればＩＰが分散されなくても効果に違いはなく、スパムにもなりません。

また、別の検証実験では次のような結果も出ました。詳細は私の検証実験を公開したウェブサイト（http://www.jfaa.info/）を参照してください。

○３つ以上のサイトで相互リンクを行うと、リンクファームになりペナルティを受ける。それが同一ドメイン、同一サーバー同士だと確実にペナルティを受ける。
↓10サイト内の相互リンクでも問題にならないどころか、すべて被リンク元として正常に認識されました。

○ミラーサイトはインデックス削除などのペナルティを受ける。
↓インデックス後、約３ヶ月経ってもその兆候は見られません。

○ポータルサイトのブックマークには効果がない。
↓ヤフーブックマークは、ヤフー検索においては効果があります。

これらのような検証結果となりました。

# あとがき

現在、ＳＥＯに関わる多くの人は、ＳＥＯの真相がよくわからないために、過度に恐れを抱いた状況に置かれているように思います。

ＳＥＯを解説するさまざまな書籍やセミナーなどでも「ペナルティを受ける恐れがある」とか「インデックス削除の可能性がある」などといった言葉がひんぱんに出てきます。

たしかにそれらの言葉は単なる「恐れ」や「可能性」を示唆しただけなので決して間違いではありません。

しかし、それらの言葉がいつのまにか多くの人のなかで膨らみ、「○○○すればペナルティを受けるに違いない」とか「○○○はインデックス削除になる」という言葉に置き換わったり、公開されたルール以外の方法はすべてＮＧといわれてしまったりします。この傾向は、特に熱心に勉強している人の一部に強く見られます。

また、ＳＥＯの専門家を自称する人も結局は他人の受け売りが多いため、受け売りの連鎖がこのような混乱を生んでいるのでしょう。もしも、単純な厳罰主義であれば、たしかにペナルティには細心の注意を払い、薄氷を踏む思いで決められたルール内で動くしかありません。

しかし一方で、適切にSEO対策をしているサイトとそうでないサイトでは、対策を施したサイトのほうが来訪者に対しても細かな配慮をしていることが多く、そのようなサイトにペナルティを与えることは不条理な話です。

たしかに過度の対策はペナルティを誘発する恐れはありますが、かといって噂話レベルの話に対しても極度に神経質になる必要もありません。

本書で紹介したように、実際の経験や信頼できる検証に基づいて、読者のみなさんには冷静な判断をしていただきたいと思います。

それが現在のSEOを勝ち抜き、将来を見通したSEOへの道となります。

さて、本文中でも触れましたが、本当に正確な情報や新しい情報はパソコンの前で待っていてもなかなかやってくるものではありません。

まして大きな成果を挙げるためには師や仲間の存在が不可欠といっていいでしょう。

目標をひとつにし、成功に向かう強いエネルギーを持つ人たちのなかで切磋琢磨すれば相乗効果を生みます。最も理想的なのは成功のスパイラルに乗ることです。

「幸福は人が運んでくれる」といいます。これはもちろん「運に身を任せろ」という意味ではなく、相手に誠意を尽くして親密になった人たちのなかから幸福がもたらされるという意味だと思います。

決して一人だけでは成功も幸福もあり得ないのは私も実感しています。本書が師や仲間をつくるきっかけとなり、あなたの成功の手助けになることを心から望んでいます。

本書執筆への過程で、大変多くの方々に多大なるご協力、ご尽力をいただきました。

私にSEOの手ほどきから教えていただき、本書の監修を引き受けていただいた社団法人全日本SEO協会代表理事の鈴木将司氏には最もお世話になりました。また常に刺激を与えていただいた協会のメンバーにも感謝します。

アカデミアジャパン株式会社の石田健氏にはインターネットビジネスの限りない可能性を教えていただいたことにより現在の自分があります。

出版に際し編集の労をとっていただいた技術評論社の斎藤治生氏、コーディネートしていただいた有限会社インプルーブの小山睦男氏に御礼申し上げます。

そのほか、家族、会社のスタッフ、私を支えていただいたすべての方にこの場を借りて感謝申し上げます。

芳川　充

## 読者特典プレゼント

本書をご購読いただき、誠にありがとうございます。

著者より御礼として、次の3つの特典をプレゼントいたします。下記サイトにアクセスしていただければ無料でダウンロードが可能です（2010年末まで提供予定です）。

読者特典の無料ダウンロードURL

**http://www.jfaa.info/**

### 特典1 SEO検証実験レポート完全版・図解入り（40ページ）

本文で掲載しきれなかった14の検証実験の詳細を、よりわかりやすく図解入りで説明しています。

### 特典2 ブログサービス39種類の特徴リスト

本書で掲載した23種類に新たに16種類を加えた合計39種類のブログリスト。操作方法、特徴などの詳細を完全網羅！

### 特典3 ブログサービスとサーバーごとのIPアドレス一覧

本書で紹介しきれなかったブログサービスやサーバーを含むIP分散に便利な保存版のIPリストです。

【著者】

**芳川　充**（よしかわ・みつる）

株式会社ジャパンフレッシュ代表取締役。

社団法人全日本SEO協会公認コンサルタント。社団法人日本生活リスク研究所代表理事。

1963年北海道生まれ。北海道大学農学部卒業。神奈川県茅ケ崎市在住。一男一女の父。

商社での水産物貿易を経て2005年に独立。後発ながらSEO事業を年率100パーセントペースで急拡大させる。驚異的な上位表示の速さと継続性の両立を行うSEOに特徴があり、常に結果にこだわる実践的SEOを提唱する。SEOは売上の向上があってはじめて成功といえる信念から、SEOとマーケティングをセットで考え費用対効果を重視する姿勢を貫く。保有サイト数1500以上、集めた被リンク総数は100万件以上。著書に『食品の迷信』（ポプラ社）、『図解ネットで買わせる技術』（ぱる出版、共著）。

趣味はスポーツ観戦と魚の食べ歩き。特技は目覚まし時計なしでの早起きと前屈。
・ジャパンフレッシュ　http://www.japanfresh.com/
・メール問い合わせ先　seo@t1mil.com

【監修者】
**鈴木将司**（すずき・まさし）
社団法人全日本SEO協会代表理事。
オハイオ州立アクロン大学経営学部、クイーンズランド州立大学教育学部卒業後、海外で教員の傍ら1996年にホームページ制作会社を設立したホームページ制作業界のパイオニアの1人。2008年、SEOの知識の普及とSEOコンサルタントを養成する社団法人全日本SEO協会を設立。

装丁／制作　木内　豊
企画協力　小山睦男（インプルーブ）
編集協力　神原博之（K.EDIT）
編集担当　斎藤治生

**「最速《さいそく》」SEO《エスイーオー》**　――たった28日《にち》で上位表示《じょういひょうじ》する驚速《きょうそく》ビジネスサイト構築術《こうちくじゅつ》

2010年4月5日　初版　第1刷発行
2010年5月10日　初版　第2刷発行

著　者　芳川《よしかわ》　充《みつる》
発行者　片岡　巌
発行所　株式会社技術評論社
東京都新宿区市谷左内町21-13
電話　03-3513-6150　販売促進部
電話　03-3267-2270　書籍編集部
印刷／製本　日経印刷株式会社


ISBN978-4-7741-4195-4 C3055
Printed in Japan